JN194125

生物に世界はどう見えるか

感覚と意識の階層進化

実重重実

新曜社

はじめに

生物たちに、世界はどう見えているだろうか。それが本書のテーマである。「世界を見る」といっても、それは視覚でとらえるというだけでなく、持てる感覚を総動員して周囲の世界を認識するということだ。

私たちが周囲の世界を感覚しているように、さまざまな生物も、それぞれ独自の仕方で世界を感覚していることは間違いないだろう。

しかしそれは、どうやってできるのだろう。脳によってだろうか。確かに私たちの属する哺乳類だけでなく、鳥や魚、昆虫など、ふだん身近に見る多くの動物には、脳がある。しかし脳のない動物もいるし、植物や単細胞生物など生物界のかなり広い範囲の構成員には、脳も神経系もない。脳も神経系もない生物たちも、何らかの仕方で世界を感覚していることに違いはない。

本書では、ゾウリムシ、大腸菌から植物、カビ・キノコ、動物まで、あらゆる段階の生物にとって、世界がどのように見えているかということを最新の知見に基づいて描写していく。それによって、生物の感覚は、原初の単細胞生物から網の目をつくるようにして段階的に進化してきたことが分かるだろう。

多様な生物の感覚について基礎的な単位となっているのは、細胞の持っている感覚だ。1つの細胞は1つの生き物であり、そのやり方で世界を見つめているというところから本書は始まる。

1つの生物は、それがたとえ1つの細胞のように微細なものであっても、自分の身体の内側と外側を明確に区分しながら生きていかなければならない。荒々しく渦巻き泡立つ環境の中で生き延びていくためには、自分自身と外界を区別する「何らかの主体的な認識」が必要になることだろう。それはやがて森に清流が流れ、花々が咲き乱れている地上を眺める私たちの複雑な意識にまで発展していくことだろう。


私は農林水産省の行政官としての職業人生を送り、その過程で微生物から植物、魚類、鳥類、哺乳類まで、あらゆる生物にかかわる行政分野を担当した。その中で一貫して、特定の動植物の研究者とは少し違った観点から、生命というものを観察し続けることができた。

例を挙げれば、入省して1年めの最初のときに、思いがけずミミズという不思議な生物を担当することになった。当時ミミズの養殖が盛んになってきていて、それは釣り餌として水産行政の所管なのか、土壌を改良するので農業行政の所管なのかで揉めていたのだ。私は農業行政の所管ということにしてもらって、自分が担当することにした。

また30代の終わりには、仲間と一緒に「海洋生物資源の保存及び管理に関する法律」という法律案をつくった。「水産動物」といわずに、広く「海洋生物」と表現しておいたところがポイントだ。農林水産省を退職した現在も、山村地域の森林や鳥獣を相手に仕事をしている。

こうしたさまざまな行政分野を経験する過程で、行政としての利害調整をするだけでなく、私は対象となる動植物について観察し、発生生物学者・団まりなに師事して、それらについて研究してきた。
こうした幅広い視点から生物を見つめてきた結果、私は「細菌から哺乳類まで、あらゆる生物は、主体的な認識を持つという点で共通している。そしてその主体性は、階層を成すようにして進化してきたものだ」という確信を持つに至った。

あらゆる生物が感覚し運動するというところまでは、ある程度明らかなことだろう。しかし、その感覚し運動する実体が、「主体的な認識」を持っているかどうかということになると、難しい問題になる。

細菌のような最も基本的な細胞にさえ、感覚はある。栄養分子をキャッチすれば近寄るし、毒物分子があれば逃げようとする。しかしそれは、センサーを備えた機械と同じことだ、という考え方もできるかもしれない。細菌といえどもばらばらに分解してみれば分子の集合体であり、それは精密機械と同じではないかとも考えられるだろう。

しかし精密機械と生物が異なるのは、生物は細胞膜に包まれた独自の内部環境を持っており、しかもその中で、自分で自分を維持し、修復し、物質を循環しながら永続的に自分から自分の一部を生み出していくことだ。代謝と生殖である。小さな細菌でもその中で、何億もの有機分子が1つの生物体であることを保ちながらぐるぐると循環し、そして、自分自身を生み出し続けている。

太古の地球で、あるとき膨大な数の分子の集合体が飛躍的に物質世界の境界を突破し、奇跡のように1つ階梯を上がって、生命となった。そして、原初に誕生した生命が分裂し、増殖し、やがて枝分かれしながら現在の多種多様な生物のすべてを生み出していった。生物界は、樹状に枝分かれした1つの壮大な体系なのだ。

1度だけ細胞が成立すれば、やがて生物界の全体が生まれてくる性格のものなのだから、生命は精密機械とは全く異なった次元にある存在だといえるだろう。

物質界の中で顕著に特異な存在となった生物は、外界と自分の内部環境とをきちんと区分して取り込む物質を選択するために、「主体的な認識」を備えなければならなかったのではないだろうか。


ドイツの動物学者ヤーコプ・フォン・ユクスキュルは、20世紀の前半、それぞれの動物には独自に認識している世界があり、動物にとってはその世界がすべてなのだと主張して、その認識の総体を「環世界」(Umwelt)と呼んだ。

ユクスキュルは、『生物から見た世界』(1934年)の中で、

「どの主体も、事物のある特性と自分との関係をクモの糸のように紡ぎだし、自分の存在を支えるしっかりした網に織りあげる」

「草地にすんでいる甲虫であろうと、チョウやガ、ハエ、カ、トンボであろうと、われわれのまわりの自然に生息するあらゆる動物は、それぞれのまわりに、閉じたシャボン玉のようなものをもっていると想像していいだろう。(略)それらのシャボン玉は主観的な知覚記号から作られているのだから、何の摩擦もなく接しあっている。」

と述べた。(『生物から見た世界』ヤーコプ・フォン・ユクスキュル/日高敏隆・羽田節子訳、岩波書店)

ユクスキュルに影響を受けた哲学者マルティン・ハイデガーは、「環世界」の考え方を発展させて、人間存在を「世界内存在」と呼んだ。

ユクスキュルは、動物に「環世界」があると言ったが、しかしその考察の出発点として、単細胞生物であるアメーバやゾウリムシを登場させた。単細胞の生物に「環世界」があるというのなら、ユクスキュルは取り上げなかったものの、多細胞の植物にも「環世界」があるとは考えられないだろうか。

ユクスキュルの時代には、主に筋肉組織と神経組織の観察から、動物の感覚を推測していた。しかし、それから1世紀もの歳月が経ち、遺伝子や生物の生理・生態など、その間に蓄積された科学的知見は多い。

特に動物の脳・神経系に関する知見の集積は、生物学に新しい展開をもたらし始めている。2012年に、認知神経学、神経薬理学、神経生理学などの科学者が集まって、「意識に関するケンブリッジ宣言」と呼ばれる意見表明がなされた。その宣言では、ヒトだけでなく、哺乳類、鳥類、そしてタコを含む多くの他の動物も「意識を生み出す神経基盤」を持っているものとされた。

こうしたさまざまな科学的知見を集積すれば、それぞれの生物がどのように世界を見ているかということが、もっとよく分かるのではないだろうか。

単細胞生物には単細胞生物の感覚があり、私たちヒトにはヒトの感覚がある。生物体ごとに異なる外界の信号をとらえて、それを自分の生活に合わせて利用する。そこに「何らかの主体的な認識」があるはずだ。

こうした認識の総体のことを、ユクスキュルは「シャボン玉のようなもの」と言ったが、それは外から見たときの比喩だ。むしろ私は認識している生物の側に立って、比喩でいうなら「プラネタリウムのようなもの」と表現したほうがよいのではないかと考えている。そのほうが、より生物の主体的な認識に寄り添うことができると思うからだ。

プラネタリウムでは、満天に輝く星々が頭上のスクリーンに投影されて、観客はその中心にいて天空を見上げるように感覚している。それと同じように、生物たちは、感覚のスクリーンに投影された世界を認識している。

さまざまな生物たちが持っている感覚のプラネタリウムを見に行こう。彼らには、どのように世界が見えているだろうか。そして、私たち自身が持つ意識というものは、そこからどんな過程を経て組み立てられてきたものなのだろうか。

それを知るために、私たちはさまざまな生物の中に潜り込んでみなければならない。想像力も駆使しながら、生物が持つ空間と時間に対する認識の果てしない冒険に出発しよう。

目次

植物に世界はどう見えるか 43

第6章

昆虫に世界はどう見えるか 97

第7章

魚に世界はどう見えるか 123

第8章 鳥に世界はどう見えるか

第9章 哺乳類に世界はどう見えるか

ヒト以外の生物にも意識が認められた ―― 179

装幀＝新曜社デザイン室

第1章 ゾウリムシに世界はどう見えるか

春の訪れとともに、陽射しが肌に優しく、暖かくなってくる。春先の澄み切った空気の中に、太陽の光を浴びて、木々も葉も、小道も、小川の水面も、森のすべてのものがきらきらと輝いて見える。森の池に目を移すと、冬の間、氷の下の冷たい水の中で息をひそめていた生物たちが、水温が上がるとともに活動を活発化させる。

森の木々の香りがたちこめる午後の弱い陽射しの中で、池の岸にひざまずいて、身体が落ちないようにちょっと心配しながら、水面に近い木杭（きぐい）の表面を少しだけピンセットでこそげ取ってみる。透き通ったスライド・ガラスに載せると、一滴の水の中に、無数の微細な茶色い点々が浮遊しているのが見える。

ゼリーのように柔軟なクラゲや、指で触れるとそれを中に吸い込もうとするイソギンチャクや、繊細な脚で小さな波を作るフジツボたちのいる海辺はここからは遠い。けれども一滴のしずくの中は、海岸の潮だまりと同じほどに多彩な生物たちで満ち満ちているのだ。池の藻や水を採取して、顕微鏡で覗いてみる。レンズの向こうから現れるのは、おびただしい数の生命が活動している一つのにぎやかな生態系であり、大から小まで多様な生物たちが関連し合っている複雑な群落だ。

最も数が多くて淡水の背景をなしているのは、緑色の藻類の森だ。それから水晶のように透明なガラスで身を固め小さな捕食者を寄せ付けないケイソウの林。くるくる回る微小な点やさっと素早く画面を横切る黒い影は、繊毛虫類だ。

うぶ毛で水流を作って小さな細菌や有機物を貪欲に取り込むツリガネムシ。身体を伸ばしたり縮めたりして進むアメーバ。ときには、焦げ茶色の柔らかなボールのような繊毛虫が仲間とぴったりと寄り添ってしばらく何かをしていたかと思うと、それとは別れて離れた場所にいる違う仲間のところに行ってまた接着する。

画面の中には小さな繊毛虫が何匹もいて、それぞれが四方八方に忙しく泳いでいく。彼らは自分の行きたいところに向かって泳ぐ。ジグザグに蛇行する。方向を転じて試行錯誤する。行きたいところ？　それはいったいどこなのだろう。どうやって彼らはそれを決めるのだろう。

1　ゾウリムシとヒトには共通祖先があった

探索の始まりに当たって、単細胞生物のゾウリムシから取り上げてみたい。繊毛虫類に属するゾウリムシは、１つの細胞だけで何が認識できているかということを私たちに教えてくれる存在だからだ。

ゾウリムシにはたった1つしか細胞がなくて、身体は0・1ミリ前後の大きさにすぎない。しかし、単細胞の生物の中で、最も進化した身体を持つ生物だ。たった1つの細胞しかないのに、私たちと同じように自由で活発に動き回っている。食料となる微生物を食べるし、天敵がいれば逃げる。そしてなんと異性と性行為までする。

ゾウリムシの身体は、スリッパのような細長い形をしていて、表面はびっしりと5000本以上の小さな繊毛（せんもう）に覆われている。

ゾウリムシと私たちヒトは、10億年以上の遠い昔に共通の祖先がいて、そこから枝分かれして別々の道を歩むことになった。私たちの祖先は、細胞が増えるに従って集合して機能を分担し合う多細胞化の道を選んだ。私たちの身体は、37兆個の細胞の集合体だ。約400種類の細胞が、密に集合しながらそれぞれに役割を分担し合っている。

これに対して、ゾウリムシの祖先は、1つの細胞のままで生きる道を選んだ。1つの個体が分裂増殖すると、多数の個体となる。同じ遺伝子を持ったクローンの個体が、散開して何百にも何千にも増えていく。

私たちは集中し、ゾウリムシは分散したのだ。

10億年以上前の共通の祖先は繊毛を生やしていたと考えられる。進化の過程で、体表の繊毛の数を極端にまで増やしたのがゾウリムシだ。毛はとても短いにもかかわらず、それを使って前進・後退と自由自在に進行することができた。そしておそらく1つの細胞だけで、食物を探したり、危険に遭遇したりして多彩な経験を積むことによって、身体の内部にもさまざまな部位が発達した。

ちなみに私たちの身体でも繊毛は活躍している。多くの動物の精子が生やしている尻尾は、繊毛と同じ構造のものだ。喉の奥でも、腎臓でも、脳室の中でも、さらには卵子を送り出す管の中でも、繊毛はものを動かしたり、水流をつくったりするのに役立っている。

ゾウリムシのように1つの細胞だけで生きるというのは、私たちの想像を超える世界だが、1つの細胞というのは、どこまで外界を認識することができるのだろうか。

2 ゾウリムシは天敵と戦う

まずゾウリムシがどのように世界を見ているのかを知るために、天敵シオカメウズムシとの闘争を見てみよう。

シオカメウズムシはゾウリムシと同じように単細胞の生物で、ゾウリムシにとって恐ろしい肉食の捕食者だ。しかしその大きさは、ゾウリムシの半分にも満たない。シオカメウズムシの身体は唸るように回転しながら近づいてきて、先の尖った鼻先でゾウリムシの身体をまさぐる。そして次の瞬間、鼻先にある開口部から目にも止まらぬ速さで「短剣」を突き出してくる。

短剣は、ゾウリムシの身体に深く突き刺さり、致命傷となって死に至らしめる。するとシオカメウズムシは、小さな袋のようになった身体で口を一杯に開けて、自分よりも遥かに巨大な食料を丸ごと呑み込んでしまうのだ。

しかしシオカメウズムシの襲撃を受けたとき、ゾウリムシの体力が十分にある場合には、反撃をすることができる。なんと瞬間的に全身から「毒針」を発射するのだ。ゾウリムシの体内に繊維状の針が数千本埋め込まれていて、非常事態のときに発射できるようになっている。

シオカメウズムシが短剣を突き立てた瞬間、ゾウリムシは大量の針を周囲の水中に放出する。針は水中で固まって膨れ上がり、その力でこの天敵を押しのける。ゾウリムシは短剣を突き立てられた身体の一部を脱落させ、捕食者から遠くへ逃げのびる。

一方シオカメウズムシのほうは、ゾウリムシが脱落させた部分に短剣を突き刺した状態のままだ。そのままではいかんともしがたく、大事な武器をねじ切って、退散していかざるをえないのである。

単細胞のアメーバ同士でも、次のような戦いが観察されている。

大きめのアメーバが小さめのアメーバを食料にしようとして呑み込んだ。ところが小さいアメーバは、捕食者の身体にある開口部に自分の身体を突き出して、外に逃げ出した。大きいアメーバは方向転換して追いかけた。そして今度はがっちりと呑み込んで開口部を塞いでしまった。小さいアメーバはじっと丸まって時を待った。そして大きいアメーバの身体に偶然に薄い部分ができたとき、そこを突き破って外に出て、全速力で逃げ去っていった。

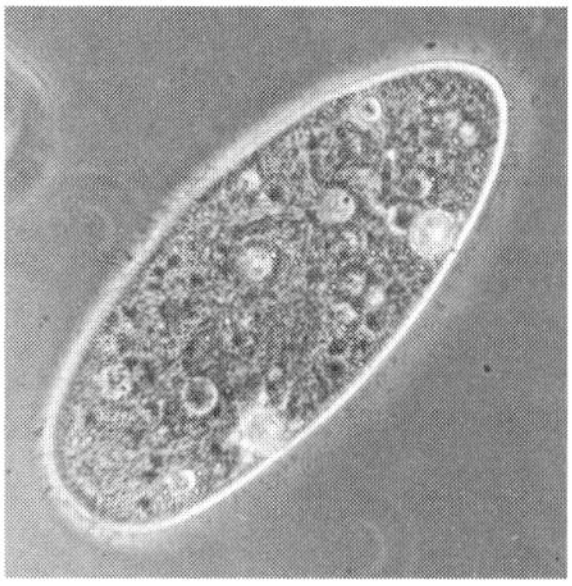

ゾウリムシ
（Wikimedia commons）

ゾウリムシであってもアメーバであっても、自分と他人の違いが認識できていることは間違いないだろう。

ゾウリムシには神経も脳もない。それでも外界を感じ取っている。感じ取るといっても私たちが脳という身体の一部でものを見て認識するようなやり方とは違う。ゾウリムシは、全身で見るのである。

3　繊毛を動かすだけでなぜ泳げるのか

ゾウリムシには単細胞の身体ながら頭と尾がある。頭の方は、やや平べったくなっていて刺激に敏感だ。尾の方は少し尖っていて、他の部分より長い繊毛が生えている。ゾウリムシには食料を取り込む口が腹の側の方にあるので、腹側と背側の区別もある。身体の中には、消化器官に当たる小さな袋や、水を排出する腎臓に当たる大きな袋など、さまざまな器官がちゃんと備わっている。

こうした身体で左方向に回転しながら、直進して泳ぐ。それぞれの繊毛は勝手に動くのではなくて、統一されて一方向に曲がる。多数の繊毛をボートのオールのように動かして水を掻くのだ。すべての繊毛が揃っていっせいに漕ぐのではなくて、身体の表面で列になっているオールが順々に波が渡っていくように水を打つ。風に吹かれて順々に頭を下げる穀物畑のようなものだ。

ゾウリムシは進行中に何か障害物にぶつかると、ぎょっと驚いたように素早く後退する。それが水草であろうと、池に落ちた落葉であろうと、小石であろうと同じことだ。ゾウリムシにはそうした区別はなくて、「何か固いもの」にぶつかったという印象なのだ。

そのとき、繊毛はいっせいに逆回転する。自動車がバックギアを入れて後退するような動きが、瞬時にして起こる。

そして障害物から離れると、頭を少し別の角度に向けて、再び直進を始める。何かにぶつかるたびに後退し、方向転換し、直進をやり直す。運動は、ジグザグの軌跡を描くことになる。しかしそれだけの運動を繰り返すことによって、ゾウリムシは、自分の生息域の隅から隅まで探検することができるのだ。

食料になる細菌や微小な藻類の群れに行き当たると、そこで停止する。これは「何か柔らかなもの」に触れたときに、停止するようになっているからだ。細菌の発する弱い酸の匂いにも引き付けられている。

1ミリの10分の1程度の身体で泳ぐ世界では、水は私たちが感じるようにさらさらしたものではない。水分子の引力が働いて、ややねばねばと粘性を持ったものになる。

私たちの身体にも髪の毛をはじめたくさんの体毛があるが、私たちはゾウリムシのようにそれを動かすことはできない。万一動かせたとしても、それで水中を泳ぐことはできない。身体が重すぎて沈んでしまうだけだ。これに対してゾウリムシの生きる世界では、ねばねばした水の浮力が強い。そして何千本という毛をいっせいにぐいっと動かすことによって、水に抵抗が生じて身体を動かすことができるのだ。

しかもその速さたるや、時速7メートルだ。ゾウリムシがもしもヒトの大きさだったとしたら、時速70キロメートルものスピードで泳いでいることになる。

4　異性と接合して若返り

ゾウリムシには異性の存在がちゃんと認識できていて、有性生殖をする。有性生殖というのは、自分と異なる遺伝子を持った個体との間で、遺伝子を出し合って新しい若い個体をつくることだ。異性が存在するといってもゾウリムシには、オスとメスがあるわけではない。種によっていくつかの型があって、自分と違った型の個体と「接合」ができるようになっている。

ゾウリムシの身体の中には大きな核があるが、そこにポケットがあって小さな核が収まっている。接合のときにはこの小核がポケットから出てきて分裂し、そのうちの1つが個体間で交換される。

ゾウリムシはふだんは縦方向に伸びて2つに分裂し無性生殖で増殖する。しかし数百回分裂すると老化して、もう分裂できなくなる。その前に数十回ほど分裂した段階で身体が成熟して、接合がしたくなってくる。そこで相手探しが始まる。

相手とくっついてみて「これは接合できない相手だ」と分かると、また離れて別の相手を探しに行く。このゾウリムシの「型」というのは、顕微鏡で見ても違いが分からない。しかしゾウリムシにはちゃん

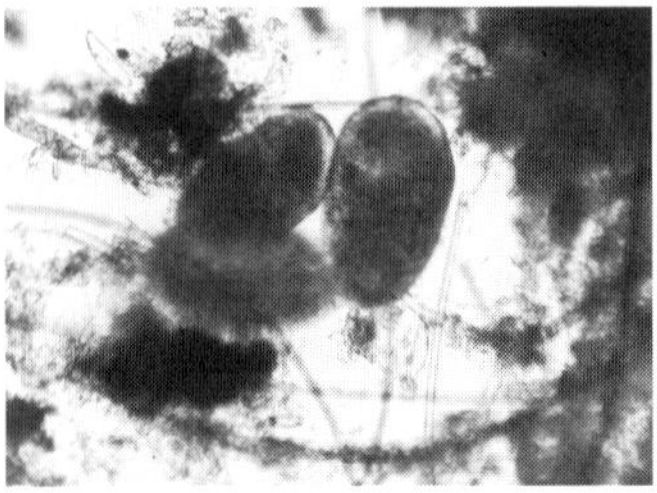

接合相手を確かめる繊毛虫
（著者撮影）

と分かっている。身体に生えている小さな繊毛で触れてみて、繊毛の膜に組み込まれたタンパク質を認識し、相手を見分けるのではないかと考えられている。

接合する相手が見つかると、2匹のゾウリムシは口のある腹側同士で繊毛を触れ合わせる。すると繊毛は先端から崩れて消えていく。体表面が出てくると、2匹は腹側を接着させ、口を通して小核を交換し合う。その姿はまるで動物が交尾をしているようなもので、どことなく妖しげな雰囲気を漂わせている。小核の交換が終わると、老化したゾウリムシがとたんに若返り、新しい2匹のゾウリムシとなって人生を再開するのだ。

どうしても相手がいないときには、自分ひとりだけで有性生殖をするという荒業もやってのける。自分の小核を8つに分裂させて、そのうち2つの小核を使って結合させる。するとそれは、接合と同様の効果を生じて個体は若返り、新しい生をスタートすることができる。自分の小核同士を組み合わせるのだから、遺伝子構成に大きな変化はない。しかし身体づくりをしていた大きな核の方は、以前からのものが崩壊して、新しい核が形成されていく。身体を内部から新しくつくり変えるのだ。驚くべき若返りの方法というべきだろう。

5　繊毛は運動器官であると同時に感覚器官

私たちは目や耳や鼻といった感覚器で外界の信号をとらえて、それを脳が解釈して指令を出し、運動器である手足が動く。

ゾウリムシにはこうした指令を出す脳や神経はない。しかし、外界の信号をとらえて、それによって身体が運動するということには変わりがない。

数千本の繊毛が同じ方向に向けて波打ったり、逆転したりと秩序だった運動をするのは、なぜなのだろう。

1本の繊毛は、それ自体が複雑な構造をしたセンサーである。オールのような運動器官であると同時に、外界の信号を受信する感覚器官でもあるのだ。

ゾウリムシが障害物に接触して、後退するときの反応を見てみよう。接触したことが刺激となって、体表面や繊毛を包む膜に多数分布している穴（イオン・チャネル）が開く。穴を通じて、カルシウム・イオンが水中から体内へ、どっと流れ込む。すると体内はカルシウム・イオンが持っている電荷によって、プラスの電気状態になる。いわば細胞の中が「興奮」した状態になるのだ。すると繊毛が逆転して、後退する。

一方、身体の後方には、別の穴が多数分布していて、後方からの刺激を感じると、カリウム・イオンが流れ込む。カリウム・イオンは、相対的に低い電荷を持っているので、身体の中はマイナス方向に変化する電気状態になる。するとゾウリムシは直進する。

身体の中でどうやって信号が伝達されて、繊毛が逆転するのかという詳しい仕組みは、まだ分かっていない。身体の中には、タンパク質の繊維が縦横無尽に張りめぐらされており、その上を通って分子が運ばれるので、この繊維によって何らかの連絡が起こっているのではないかという人もいる。

いずれにせよ、多数の繊毛や細胞内部の小器官がネットワークになっていて、統一された運動を可能にしていることは間違いないだろう。

6　昼は沈み、夜は浮かび上がる

ゾウリムシの直進・後退を引き起こす信号は、接触の機械的刺激だけではない。光や温度や化学分子の刺激によっても反応する。これらの信号は、どうやって感じ取られているのだろうか。

どの種類の信号でも、イオンが流れ込んで身体の中の電気状態が変わり、それによって運動することは同じだ。こうした信号に対する電気的な変化は、私たちの身体の細胞の中でも起こっている。

外界の信号を感じ取るためには、それぞれの信号ごとに、その信号をキャッチして変形するタンパク質がどこかにあるはずだ。しかし、ゾウリムシの場合は、そのタンパク質がまだ詳しく特定できているわけではない。

ただし、繊毛によって接触や重力の変化をとらえることだけは確かだ。接触の刺激だけでなく、ゾウリムシは昼の間は水中に沈み、夜になると細菌を食べるために水面に浮上してくる。このような上下運動ができるのは、地球の重力を感知するということだ。繊毛運動を止めれば身体が沈み、再び動かせば浮き上がる。

こうした重力への感覚は、私たちでいえば平衡感覚や皮膚感覚に当たる。私たちの平衡感覚を司っている内耳では、細胞に感覚毛が生えている。身体が動くと内耳にある微小な石が動いて毛が倒れることによって、バランスを感知する。音を感覚する聴覚細胞も、音の圧力で感覚毛が倒れることによって感知する。毛で感知しているというのは、ゾウリムシが繊毛で接触して外界を感知するのとどこか似ているのではないだろうか。

7　ゾウリムシには五感がある

私たちは眼でものを見るが、ゾウリムシには眼に当たる特定の器官がない。しかしまぶしい光が当たるところでは、光を避けようとして水中に沈んでいく。

多くの単細胞生物がこのような行動をとるのだが、これは細胞の核にとって有害な日光の紫外線を避けるためだと考えられる。夜になると浮き上がってくるのも、光を感知できるからだ。

ゾウリムシの身体のどこかに光で変化する物質があるはずだが、それはまだ特定されていない。

別の単細胞生物ミドリムシの視覚器官は特定されている。身体の前方にあるくぼんだ「眼点」だ。眼点のごく近くに色素をもっていて、光があることを認識することができる。ミドリムシは原始的な眼のような働きをする器官を持っていることになる。

澄んだ緑色をしたミドリムシには、ゾウリムシのような多数の繊毛があるわけではなくて、前方に

1本の長い鞭毛（べんもう）があるだけだ。その鞭毛をオールとして漕ぐ。また身体を縦方向に長くしたり、横方向にむっくり太って短くしたりして、すじりもじり運動と呼ばれる動き方をする。

ミドリムシは光から逃げるのではなく、逆に光に近寄っていく。細胞の中に顆粒のようになったたくさんの葉緑体を持っていて、光合成を行うからだ。単細胞の植物のようなものだが、しかし動物のように運動したり細菌などを捕食することもある。もしも運動するミドリムシが私たちの祖先だったとしたら、みんな緑色の皮膚をしていて、日光浴をするだけでかなり満腹できたかもしれない。

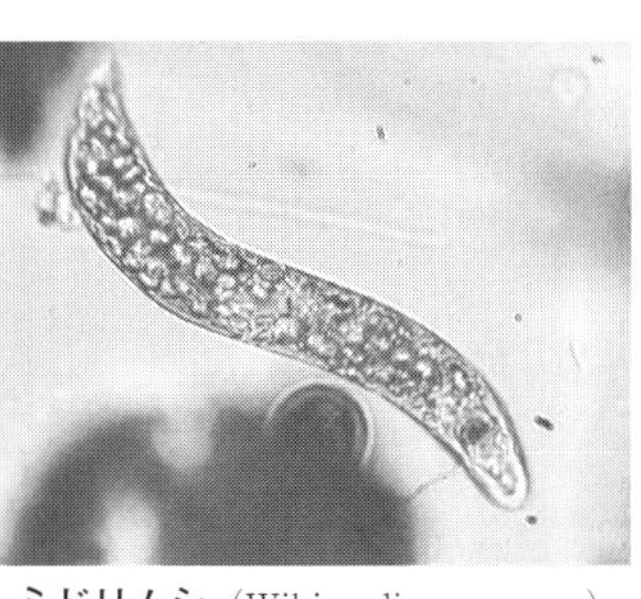
ミドリムシ（Wikimedia commons）

渦鞭毛虫という仲間では、光をとらえる方法はもっと発達して、細胞の一部にあるタンパク質の色素は、光によって変形する。これはヒトの眼でやっていることと基本的に同じだ。中でも渦鞭毛虫の1種（モリメダマムシ）は、身体の4分の1以上あろうかというほどの大きな単眼を持っている。この眼は驚くべきことに、私たちの眼と同様に、角膜とレンズと網膜からできている。網膜は、葉緑体が著しく変形したもので、像を結ぶこともできる。この渦鞭毛虫は、他の単細胞生物を捕食するので、そのために対象を見分けているものと考えられている。脳も神経もなく、たった1つの細胞であるにもかかわらず、眼で見るというのに近い感覚を持っているわけだ。

この単細胞生物がどんなふうに世界を見ているのか興味深いところだ。レンズと網膜があるからといって、その情報を解釈する神経や脳があるわけではないので、色彩や遠近感のある映像は見えないだろう。おそらく物体の光と影の濃淡が、精緻に感知されているということではないだろうか。

目のないゾウリムシも、眼点のあるミドリムシも、レンズと網膜のある渦鞭毛虫も、光を感知する。結局のところ、精度の違いはあるとしても、たった1つの細胞でも光を感知することができるということができる。

私たちには鼻という嗅覚器官があるが、ゾウリムシもまた匂いを感知する。食物である細菌が発する酸の匂いには、特に敏感だ。水を弱酸性にしてやると、ゾウリムシの群れが集まってくる。一方で酸性でもアルカリ性でも、強すぎたり塩分が高すぎたりして、自分を害する液体だと分かると一目散に逃げていく。

このほかに、ゾウリムシは温熱に対しても敏感に反応する。熱すぎても冷たすぎても、その環境から逃げ出して、快適な温度の環境に行こうとする。これは、私たちでいえば皮膚感覚ということになるだろう。

つまりゾウリムシは、1つの細胞だけなのに視覚・嗅覚・触覚・皮膚感覚、さらには平衡感覚を持っている。基本的な感覚は、ヒトと同じだ。こうなると単細胞生物に五感があることになる。これらの情報を感じ取って「行きたい方向」に運動するのだから、1つの細胞の中でそれらが統合されていたとしても、不思議ではない。むしろ1つの細胞だからこそ、統合されると考えてもよいかもしれない。

8　ゾウリムシであるとは、どういうことか

目を閉じて、ゾウリムシの感じている世界を想像してみよう。もちろんのことながら、映像はない。しかし真っ暗かというとそうではなくて、光の方向も強さも分かる。それから自分の上と下、頭と尻尾の方向の感覚は分かる。何かにぶつかっても、その接触が分かる。

それだけではない。彼は、身体の表面を通じて、何種類もの匂いが分かるのだ。私たちに例えていうなら、全身の皮膚で匂いを感じているといったところだろうか。

そして食料の匂いがすると、そちらの方向に近寄ろうとする。捕食者が襲撃してくると、逃げたり針を発射したりする気分になる。さらにときには、異性にくっつきに行きたくなる。食料と天敵と異性を区別して認識できる。単細胞の生物でも、これぐらいの認識能力はあるということだ。

しかし私たちとゾウリムシが何よりも違うのは、ゾウリムシにとっては「あそこまで行きたいから、その方向に向かって、これだけの時間進んでみよう」と考えて運動するのではないことだ。ゾウリムシには、方向とか距離を計測する能力はない。

ゾウリムシは、刺激を感じ取ったとき、その刺激に近寄るべきか、避けて逃げるべきかということは分かる。しかし外界に対する運動は、行き当たりばったりに行っているだけだ。

やみくもに動き回っていて、何かに接触すると、そこで障害物に突き当たったと認識する。刺激が

あれば、特定の反応をする。それだけだ。

「この方向の空間を、これだけの時間をかけて進もう」と判断して運動することを「定位行動」という。定位行動ができるのは、神経系のある動物に限られるものと考えられる。それ以外の生物では、単細胞生物であろうと、植物であろうと、カビ・キノコであろうと、外界の信号を受信して、あらかじめ定められた反応をしているというだけだろう。

しかしそれが無目的・無秩序なものかというと、そうではない。むしろ一定の刺激があったときに特定の反応をするといった一本道の身体構造になっているだけで、十分に合目的的な活動ができるようになっている。

ゾウリムシは、直進し後退する。3次元の空間をあちらこちらと自在に動き回っているように見えるものの、ゾウリムシ自身にとってはこの直進と後退という直線的な空間認識で十分なのだ。ゾウリムシは、1次元の空間の中で暮らしているといえるだろう。

ゾウリムシの集団は、個体と個体が相互作用もする。ゾウリムシは身体から炭酸を発しているが、その匂いを嗅ぎつけて仲間が集まってくる。ゾウリムシたちは、ある程度の個体密度があるときに、活発に運動する。しかし個体が集まりすぎて、炭酸の濃度が一定以上に高くなると、今度はそれが逆の刺激となって、ゾウリムシの集団は散開していく。

このように単細胞生物がもともと持っていた集合と離散を繰り返す相互作用のやり方は、多細胞生物が登場してきたときに、細胞同士で信号を送り合って相互作用することに発展していったものと考えられている。

9　神経細胞は、接触と味を感覚しながら伸びていく

小さなゾウリムシも個体なら、ヒトも個体だ。それぞれに異なった「感覚世界」を持っている。ここで、「感覚世界」というのは、さまざまな感覚の総体としてプラネタリウムのように見えている世界の像のことだ。

しかし個体という概念でくくってしまって同一次元のものだと思ってしまうと、話が混乱する。ゾウリムシと同じ次元にあるのは、あくまでヒトの身体の1つの細胞だからだ。ゾウリムシのような細胞が集まって、私たちの身体を構成している。

実はヒトの細胞の1つひとつもゾウリムシと同じように「認識」している。そのことを理解するために、私たちの感覚で特に重要な働きをしている神経細胞に登場してもらおう。

脳には850億個もの神経細胞（ニューロン）が集まっていて、複雑に込み入った壮大なネットワークができている。この神経細胞の1つひとつを「生き物」としてとらえることができる。

神経細胞の形態は、1つ目で大きな頭をした、とんでもなく長いヘビのように見える。しかもそのヘビからは、細長く曲がりくねった髪の毛が四方八方に生い茂っている。まるで怪物メデューサのようだ。髪の毛に見えるのは、実は神経細胞の触手であって「樹状突起」と呼ばれる。ふっくらして一つ目に見えるのは、細胞の核だ。そして驚くほど長い胴体は、細い繊維のようだ。尻尾の先端はたく

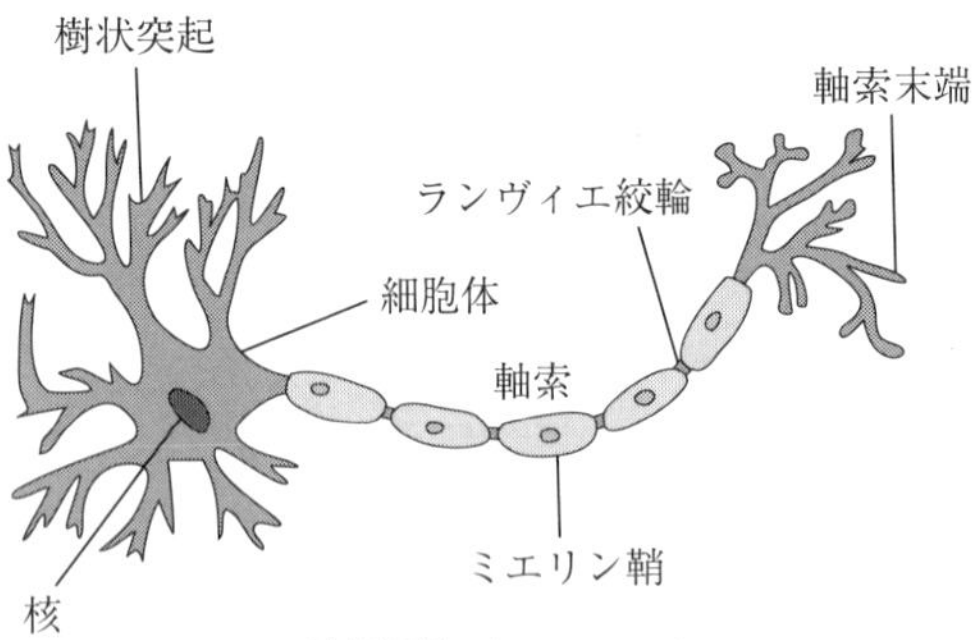

神経細胞（Wikimedia）

さんに分岐しており、それは木の根のように見える。つまり長いヘビといっても、頭はメデューサ、胴は絹の糸のように極端に長く、尾は木の根といった怪物の姿をしている。

身体がとんでもなく長いのは、電気信号を伝達する仕事に特化しているからだ。一つ目のある細胞体が刺激を受けて興奮すると、電気信号を「発火」して、ときには1メートル以上も先にある自分の尻尾の先端に電気信号を送り出す。そして尻尾の先端から特殊な化学分子を分泌して、別の神経細胞とコミュニケーションする。

神経細胞の触手の先端には、化学分子をキャッチするための受容器が並んでいる。分子を受けると受容器は変形して、細胞膜にある穴に信号を送る。穴は開いて、プラスの電位を持つナトリウムやカルシウムのイオンが流入する。すると神経細胞は興奮して自ら電気を発火するのだ。この仕組みは、ゾウリムシが体内で電気を発生するのとよく似ている。

たとえば眼の網膜にある視覚細胞は、光の刺激を感じるとぴくりと興奮する。興奮すると、それを電気信号に変換して受け渡す。受け渡す相手が、神経細胞だ。伝達の専門家に特化した神経細胞は、長い胴体から尻尾へと電気信号を素早く移動させて、脳の神経細胞に受け渡す。そして脳の神経細胞のもじゃもじゃに絡み合ったネットワークの中で、何度も信号伝達や演算が行われる。こうして最後に私たちに明るさや色彩といった質感として認識されることになる。

神経細胞は、いつもじっとしているのではない。神経が成長したり再生したりするときには、神経細胞は長い繊維を伸ばしながら筋肉細胞など必要な場所に辿り着かなければならない。このとき伸ばした繊維状の先端が逆三角形に膨らんでたくさんの指が生えている部分で、他の細胞に接触する。神経細胞は、ここで接触して感触を確かめながら進んでいくのだが、同時に「味」も見ている。化学分子の信号なので匂いと同じなのだが、私たちの舌のように接触して感知するので、ここでは「味」といっておこう。

触手を振り振りしっかりと触れてみて、目的の細胞と異なることが分かると、離れていく。神経細胞が伸びていく通り道には、化学分子によって味がつけてある。神経細胞はこれに接触し、味を確認しながらうねうねと伸びていく。目的地に行き着くまでの通路の味も知っているし、行き着いた場所の味も識別できる。

一口に味といったが、伸びていく神経細胞の先端が認識しなければならない信号は多彩だ。仲間の細胞からは、さまざまな化学分子が信号として送られてくる。神経細胞の触手を誘導する分子もあれば、逆に阻害する分子もある。足場をつくっているタンパク質もあれば、まわりの細胞同士を接着するための分子もある。神経細胞は、これらの接触や味や匂いといった多数の信号を認識したうえで、総合的に判断して道を選び、適当な場所に到達する。

どうやって目的地が分かるのだろう。神経細胞は最初はランダムに触手を伸ばす。触手は接触や味

表　外界信号と生物の感覚の例

信号	信号の内容		生物側の感覚器等
電磁信号 (電磁気力)	光	光一般 紫外線 可視光線 赤外線 偏光	光合成細菌、ミドリムシの眼点、植物のフィトクロム 昆虫・魚類・爬虫類・両生類・鳥類の眼 ヒトの眼(視覚細胞) イヌの鼻先、ヘビのピット器官 ミツバチ・渡り鳥の偏光受容
	電気	膜電位 電流 空間電位 電気による攻撃	細胞の膜電位(ナトリウム・イオンの流入) 神経細胞の発火(活動電位)、脳波、生体電流 ジムナルカス(弱電気魚)の放電 サメのロレンチーニびん デンキナマズ、デンキウナギ、シビレエイ
重力信号 (重力)	音	超音波 可聴音 低周波	コウモリ・クジラ・イルカの反響定位 ヒトの耳(聴覚細胞) 渡り鳥の方角認識、クジラ・ゾウのコミュニケーション
	接触	接触刺激 水流	ゾウリムシの繊毛逆転、ハエトリソウの葉、ヒトの皮膚感覚 魚類の側線器官
	重力	引力(上下方向) 回転・方向 気圧	植物の上下感覚(平衡石) ヒトの三半規管・耳石 ヒトの三半規管・体性感覚 イヌの鼻先
	温熱	寒暖・熱冷	細胞の化学反応速度(重力信号に限らない) ヒトの皮膚感覚(触覚細胞)、昆虫の触角
化学信号 (化学分子)	化学分子	匂い	大腸菌の受容器、粘菌の集合 昆虫・哺乳類のフェロモン 植物の多感作用 ヒトの鼻(嗅覚細胞)
		味	魚類のヒゲ、昆虫の触角・前肢 ヒトの舌(味覚細胞)
	水	水	細胞のイオン・チャネル、植物の水ストレス反応
		湿度	昆虫の触角(湿度感覚器)

(注) 水は化学分子の一種とした。温度はエネルギー状態なのでどの信号にも関係するが、ヒトの温度感覚は主に皮膚感覚から発達したものなので、ここでは重力信号の欄に分類しておいた。

や匂いの手がかりによって誘導されて伸びていく。つまり目的地を知っているのではなくて、誘導されるのだ。そして適当な場所に落ち着いたものだけが、生き残るようにできている。

このことから分かるのは、神経細胞というのは、単なる電気の伝達以上の仕事をしているということだ。触手の先端では感覚細胞と似た働きもする。接触や味や匂いが分かり、伸びる過程では運動もする。そして仲間の神経細胞と相互作用することができて、これがクモの巣のように複雑なネットワークを形成していく。1個の神経細胞は、まさに1個の生物体なのだ。

そして注意しておかなければならないのは、神経細胞がことさらに特別な細胞ではないことだ。確かにとんでもなく長いという異形の形態をしているものの、その電気的特性においては身体の他の細胞と大きく異なるものではない。神経細胞といえども元は1つの受精卵から枝分かれしてきたものであり、他の細胞たちと同じ遺伝子を持った兄弟にすぎないからだ。

神経細胞が味や匂いを感知し、接触し、動き回り、電気を伝達するのと同じように、多かれ少なかれ他の細胞たちも同様に、さまざまな感覚を持っているということができるだろう。

ゾウリムシも神経細胞も、1つの細胞は1つの生き物であり、外界を認識している。そして、多細胞動物の身体では細胞ごとに外界の認識の仕方をそれぞれに発達させて、光を得意とする細胞、接触を得意とする細胞、匂いを得意とする細胞といったように専門化していったのだった。単細胞生物のモリメダマムシでは、光を得意とする細胞が極端にまで発達した結果、1つの細胞だけで複雑な構造を持つ眼さえ開発することができたということになるだろう。

第2章　大腸菌に世界はどう見えるか

川には真っ白なサギが2羽、水中の魚か昆虫をついばんでいた。さらさらと音を立てて流れるせせらぎと澄み切った水。淡い紫色がかった桃色の小さな花がぎっしりと群れになって咲いているアカツメクサの絨毯の上では、アリが丁寧にひとつひとつを訪問して歩いていた。生物たちは、さまざまに周辺の環境を認識し合い、生態系をつくっている。しかしこの生態系の基礎部分には、眼には見えないが膨大な数をした微細な細菌たちがいることに思いをめぐらせてみよう。

1　大腸菌に感覚はあるのだろうか

大腸菌はゾウリムシよりも遥かに小さくて、体積にするとゾウリムシの数千分の1から1万分の1以下になってしまう。縦長の体長は約2・5ミクロン（1ミリの400分の1）ほどだ。ゾウリムシは細菌を食べて暮らしているが、逆に細菌の中には、ゾウリムシを棲み家として、表面や内部に寄生

大腸菌
（Wikimedia commons）

するものも多い。

　私たちの身体は、ゾウリムシのような細胞が多数集まってできたものだ。しかし実は歴史的にいうと、ゾウリムシのような大きくて複雑な核のある細胞（真核細胞）は、それよりもずっと昔、20億年以上前に大腸菌のような小さくて単純な核のない細胞（原核細胞）がいくつも寄り集まってできたものなのだ。

　ロシアのマトリョーシカ人形のように、私たちの身体、ゾウリムシのような細胞、大腸菌のような細胞が、「入れ子構造」になっている。

　細菌は、これほど小さいので眼には見えないが、どこにでもいる生物だ。テーブルの上にも部屋の空気の中にも、唾液にも、腸の中にも、細菌は数万から数億の単位で生息している。

　私たちの腸の中には大腸菌や他の細菌が数百種いて、その数は実に１００兆個にものぼる。私たちの身体全体の細胞37兆個に対して、腸内細菌の数は3倍に近い。しかし腸内細菌を全部集めても10立方センチメートル程度にしかならないので、腸の中に収まることができるというわけだ。

　大腸菌は「細胞分裂機械」と呼ばれる。条件が良ければ20分に1回分裂する。仮に何の制約もなしに際限なく分裂を続ければ、約1週間で地球ほどの体積になってしまうのだという。

　「細胞分裂機械」などと呼ばれる理由は、こうした分裂の速さだけではなくて、遺伝子工学の発展によって、大腸菌の中に外部から遺伝子を埋め込んで、人間が必要とするタンパク質などを製造させることができるようになったからだ。医薬品・化粧品にも大腸菌が大量生産しているものは多い。今や人間にとっては、大腸菌はとても便利な道具となった。

さて、とても微小で、しかも機械とまでいわれる大腸菌に、いったい感覚はあるのだろうか。外界を見つめていて、空間や時間に対する認識を持っているのだろうか。

2 細菌の世界では遺伝子が動き回る

大腸菌は無性生殖によって2つに分裂しながらどんどん増える。その限りでは、ほんとうに機械のようだ。遺伝子は、環状染色体という長い1本のヒモに納められているのだが、これが分裂するたびにコピーされる。分裂した個体は、同じ遺伝子を持つクローンだ。

ところがごくまれに、他の大腸菌と「接合」することのできるものがいる。接合といっても、ゾウリムシが行ったような有性生殖ではない。

接合のできる大腸菌は、「性繊毛」という長い投げ縄のような毛を持っている。大腸菌は、この投げ縄を相手に何本も投げかける。仲間の大腸菌に性繊毛が引っかかって自分とつながると、相手を引き寄せて2つの身体を接近させる。そして細胞同士が近接したとき、両者の間に管を形成していく。2つの大腸菌を橋渡しする管ができると、その管の中に自分の遺伝子を送り込んで、相手の身体の中に注入する。これが大腸菌の接合だ。

この接合には、1時間半もかかる。まるで有性生殖をしているように見えるが、大腸菌にはオス・

メスのような性はない。接合はあくまでも、一方から他方に遺伝子を注入するだけの行為だ。しかし有性生殖と同じように、個体の遺伝子構成が組み替えられるという効果をもたらす。

注入される遺伝子は、長い環状染色体のうちの一部が切れて切れ端となったものだ。しかしそれだけでなく環状染色体とは別に、短い輪になった遺伝子のヒモを持っていることがある。この輪のことを「プラスミド」という。

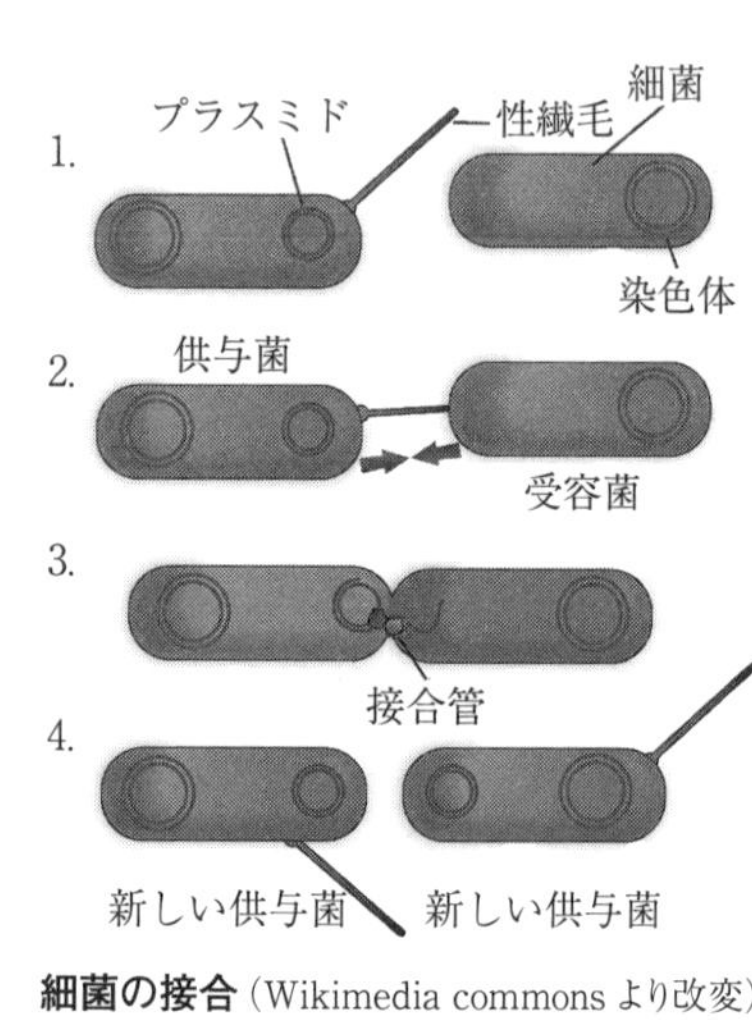

細菌の接合（Wikimedia commons より改変）

プラスミドは、すべての個体にあるわけではないが、1個体でいくつも持っている場合もある。プラスミドをたくさん持っている大腸菌が接合すると、相手にその一部を分け与える。このようにして、大腸菌といえども個体ごとに個性の違いが生じることになる。

遺伝子を注入された大腸菌は、新しい遺伝子に応じた活動ができるようになる。たとえばそれまでは分解できなかった有機物を分解して栄養にできるようになる。あるいは自分でも性繊毛をつくって接合ができるようになる。さらには抗生物質に対する耐性を持つこともある。

細菌から細菌に遺伝子が移動する方法は、ほかにもある。死んだ細菌から壊れて溢れ出た遺伝子が、生きた細菌に取り込まれることもある。またウィルスによって、遺伝子が細菌から細菌へと運ばれることもある。

　こうした遺伝子の移動は、細菌の種を超えて幅広く起こっている。抗生物質を使って細菌を退治していると、耐性をつくる遺伝子が多くの種に蔓延し、抗生物質が効かなくなってしまうことがある。また大腸菌O－157の持っている毒素の遺伝子も、赤痢菌から来たものだと考えられている。

　さて、大腸菌の立場に戻ってみよう。接合する大腸菌は、自分と相手の存在を認識していることだろう。性繊毛で引っかけ、管を形成し、遺伝子を注入しなければならない。こうした活動は、自分自身以外のものがいると分かっていなければできることではないだろう。

　つまり、大腸菌には自分と自分以外のものに対する認識があり、外界への感覚があるに違いない。しかしそれは、どんな感覚なのだろうか。

3　頭の先と尾の先の濃度の違いを感知する

　大腸菌は、くねくねと長く伸びた鞭毛（細菌鞭毛）を5本から6本持っている。この鞭毛を使って泳ぐのだが、大腸菌の遊泳についてカール・ジンマーは次のように描写している。

「関心を引きそうな『味』を入れてやると、E・コリ（大腸菌・著者注）はそれを追いかける。それにしても驚くほどの操縦能力だ。車輪がついているわけでも翼を自在に操るわけでもない。ただ、まっすぐに泳ぐか、よろめくかの二つに一つだ。周囲について、情報はほとんど得られない。地図帳で確かめることもできない。泳いでいる途中でたまたまぶつかる分子を感じるだけ。だがE・コリは、どれほど小さくともその感覚情報を役立てる。数少ない精巧な法則に従い、E・コリは行くべきところに行く。」(『大腸菌』カール・ジンマー/矢野真千子訳、日本放送出版協会)

大腸菌は、化学分子の匂い(あるいは味)を見分けることができる。自分の栄養となるアミノ酸の匂いを感知すると、その方向に引き付けられて近寄っていく。光合成ができない大腸菌のような生物は、有機物を摂取できなければ死んでしまう。したがって有機物の匂いに対する感覚は最も原初的なものだ。

しかも感知できるだけではない。驚くべきことに、大腸菌は小さな身体ながら、自分の頭の先の分子の濃度と、尻尾の先の濃度の違いを見分けることができる。だからこそ、引き付ける匂いの発信源に向かっていくことができるのだ。

それだけではない。匂いが自分を害する毒物だと分かった場合には、これを避けて逃げていく。酸性やアルカリ性の度合いも、あまり高くなると生息できなくなるので、逃げようとする。

さらに大腸菌には、温度の変化も分かる。しかもきわめて敏感で、たった0・02度の温度変化でも感知することができる。身体が微小なので、敏感でなければ生き延びられないのだ。0・02度でも、大腸菌にとっては、私たちにとっての何度もの温度変化に相当しているのかもしれない。

4　大腸菌は鞭毛で泳ぐ

大腸菌の泳ぎは、ゾウリムシのように何千本もの繊毛を風に吹かれる穀物畑のように打ち振るといった洗練されたものではない。大腸菌は、栄養分子の匂いを嗅ぎ当てると、鞭毛をスクリューのように回転させて、くるくるとその場で転げまわる。そして、しばらく休止する。それだけだ。

鞭毛が複数あるところがポイントだ。数本を左巻き螺旋の方向に回転させると、鞭毛は束になって身体は直進する。逆の右巻き方向に回転すると、束はばらばらにほどけて身体はくるくると回転する。でたらめに転げまわって、それで匂いの方に近づいている場合は、直進する泳ぎの頻度を上げる。すると目標に近づくことになる。逆にでたらめに転げまわって目標から遠ざかる場合は、もう一度右回転してさらにでたらめに転がる。すると目標から遠ざからなくなる。このような無骨なやり方だが、それでも確実に目標に近づくことができる。

大腸菌を取り巻く環境にある水は、身体にべとべととまとわりついてくる。ゾウリムシにとって水はややねばねばしていたが、大腸菌はさらに微小なので、水の引力が強く働いて、水飴のように強い粘着力を持ったものになる。

水の分子は四方八方にでたらめに動き回っているので、それと結合して食物の方から大腸菌に向かってやって来ることも多い。そして大腸菌は、水の粘着力を利用して泳ぐことができる。わずか数

モーターが左回転

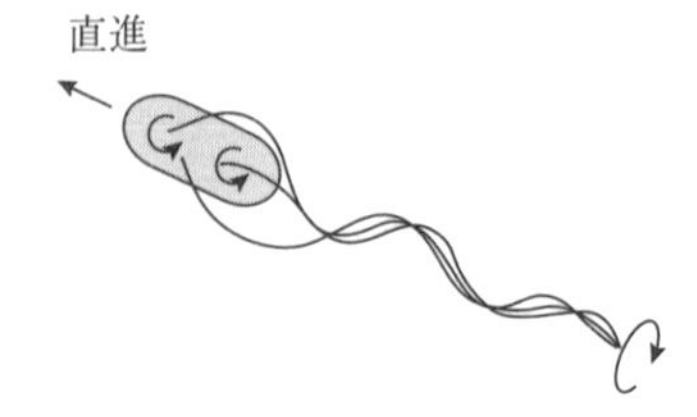

モーターが右回転

細菌の鞭毛運動

本の毛を動かすだけでも強い抵抗が生じて、身体が勢いよく動くのだ。
その速さを見ると、1秒間に身体の10倍の距離を泳ぐ。ゾウリムシほどではないものの、もしも大腸菌が私たちと同じくらいの大きさだったら、時速50キロ以上で泳ぐことになる。水飴のようなべとべとの環境で、いったいどうやったらこれほどの速力を生み出すことができるのだろう。

その秘密は、高速回転する分子のモーターにある。鞭毛はらせん状で、その付け根にモーターが据えられている。このモーターによって、鞭毛は真ん中の軸を中心に1秒間に１００回以上の猛烈な速さで回転する。大腸菌の鞭毛はただの繊維というのではなくて、複雑な構造を持った高速の回転装置だったのだ。

高速の回転モーターは、私たちの身体の中にもある。酸素呼吸をするミトコンドリアが使っているのだ。また植物の細胞では、光合成をするときに葉緑体が使っている。生物界のいたるところで、高速の回転モーターが今この瞬間にも大活躍しているというわけだ。

5 大腸菌であるとは、どういうことか

ゾウリムシの感覚世界を想像してみるよりも、大腸菌の感覚世界を想像してみることは、もっと難しい。ゾウリムシは私たちの細胞1つとおおむね対等の存在だったが、大腸菌となるとさらに遥かに微小で、私たちの細胞の中にある小器官と同じような存在になるからだ。

大腸菌の世界の中で特に重要なのは、受容器のセンサーで感知する匂いだろう。環境の中には、「良い匂い」と「悪い匂い」がふらふらと漂っている。「良い匂い」に出会ったら、それは自分の食料になる有機分子の匂いなので、そちらに近寄っていこうという気分になる。「悪い匂い」は、自分を害する毒物なので、逃避しなければならないという気分になる。

水の温度が高くなりすぎたり、低くなりすぎたりするときは、「悪い匂い」に接したときと同じ反応が起きる。大腸菌は、そこから逃げなければならないという気分になる。

光はおそらく感じ取っていないかもしれない。それでは接触はどうだろうか。接合のできる個体が、相手を見つけて性繊毛を引っかけたり、引き寄せて接着したりするところを見ると、接触の感覚はあるに違いない。

大腸菌は1匹1匹が、めいめいばらばらに動いているように見える。しかし香港中文大学のチェンらによると、多数個体の集団を数学的に解析してみると、実際には集団的に同調して振動していて、

平均的には楕円の軌道を描いているのだという。

なぜそうなるのかは分からないが、もしかすると、大腸菌が遊泳することによる分子の揺らぎや波動のようなものを、個体が感じ取っているのかもしれない。

他方、当然のことではあるが、「この方向に行こう」といったような定位行動は、ゾウリムシと同じで、することができない。刺激があれば鞭毛を動かして接近するか逃避するか、2つに1つだ。その反応もあらかじめ決められたとおりの直線的なものだ。しかしそれでもやはり大腸菌はある程度の「認識」する力を持っているといえる。

大腸菌の感覚というテーマは全くミステリアスだが、しかしこうして感覚世界を想像してみると、少なくとも頭と尾の先を認識していて、「近寄る、逃げる」といった直線状の空間を認識していることが分かる。

大腸菌の認識は、ゾウリムシよりも粗っぽいものだとしても、1次元的なものだという意味で、ゾウリムシの認識と似ていると考えなければならないだろう。

結局のところ、1つの細胞が認識するのは、1次元的な空間だということではないだろうか。私たちの身体の細胞の1つひとつにも前方と後方はある。大半の細胞は前方で刺激をとらえて、後方から化学分子を分泌する。こうした活動も、1次元の空間認識が基礎となっているといえないだろうか。

つまり、1つの細胞というものは、大腸菌のような細菌であれ、ゾウリムシであれ、私たちの身体の細胞であれ、1次元の直線として空間をとらえているのではないかと考えられるのだ。

6　大腸菌は1つの街のように巨大

大腸菌の感覚が原初的なものだとは言っても、できることはかなり多い。

大腸菌は、栄養物の匂いを感知してでたらめに転がりながら、栄養物に少しずつ近づく。そして栄養となる有機分子を体表から浸透させて細胞の中に取り込む。また排泄物や毒物も体表から分泌する。最後に分裂して2つに増殖する。そして、ごくまれにではあるが接合する。

さらに大腸菌は乾燥したり食物がなかったりして環境条件が悪くなると、休眠する。休眠するときは、固い外套をつくって、これに包まれる。空気中のホコリの中には、このように休眠した細菌が多数含まれている。条件の良い場所に着地すると、細菌は再び活動するようになる。

細菌たちの休眠する能力には、驚くべきものがある。土壌にいる細菌は、何年も何十年も休眠することができる。それだけでなくて、2億年以上も前の岩層の中から採取された細菌が、実験室で眠りから覚めて息を吹き返すことさえ何度も報告されている。

大腸菌という目に見えない微細な細胞の中を覗いてみると、実はそこは決して微細な世界ではない。もしもタンパク質がヒトの大きさだとすると、大腸菌は1つの街なのだ。100万個以上ものタンパク質の分子が動き回っており、その種類は3000種にのぼる。遺伝子をつくったり写し取ったりする核酸の分子は40万個ある。それ以外の有機分子となると700種あって、数は5億個にのぼる。これらは同じ有機分子とは言っても大から小まであって、大きなＤＮＡ分子と小さな有機分子とでは、分子量の違いは８００万倍以上にも及ぶ。それらが組み合わさって相互作用しながら、永久に続くドミノ倒しのようにぐるぐると循環しているのだ。

タンパク質のような有機分子は、複雑な形をしてぷるぷると柔軟性があるものの、分子の塊だ。１つひとつの有機分子が、センサーを備えた自動機械のようなものといえる。

生物体を構成するタンパク質、糖、脂肪、核酸などは、すべて有機分子だが、これら有機分子は、実は生物でなければつくり出すことができないものだ。地球上ではアミノ酸は、生物の中でつなげられてタンパク質になる。これに対して隕石にアミノ酸が含まれることがあるが、つながってタンパク質になっていることはない。宇宙で見つかった有機化合物は70種近くにのぼるものの、これらの有機分子が相互に置き換わったり、相互作用をし合ったりしている場所は、地球しか知られていない。生物界は、生物の生と死を通じて、有機分子がぐるぐると循環している舞台なのだといえるだろう。

7　大腸菌の身体の中でイルミネーションが点灯

こうした「街」ともいえる身体の中で、大腸菌が匂いを感じて泳ぐ仕組みは、どうなっているのだろうか。

細胞の表面にタンパク質の受容器を備えていて、それに信号が結合すると感知されるというのは、ゾウリムシで見たことと同じだ。

大腸菌の受容器は、4種類または5種類のものがあるとされる。どの受信器も何か1つの信号を受け取っているというのではなくて、いくつもの種類の信号を受け取る多機能のセンサーだ。たとえば3400個のうち一番数の多い受容器は、同じものが2000個ある。この受容器に栄養物であるアミノ酸のセリンが結合すると、大腸菌は引き付けられる。一方、ロイシン、フェノール、グリセリンといった大腸菌にとっての毒物があると逃げていく。同じ受容器で温度変化も分かるし、酸性度の変化にも反応する。

細胞外部に出ている受容器の頭部に外界の信号分子が結合すると、細胞内部に突き出した受容器の尾部が変形する。この変形は、分子ドミノ倒しのスイッチを押すことになる。すると近くにATPという小さな乾電池があって、そこからエネルギーをもらい灯りがともった状態になる。そしてその灯りを別のタンパク質に受け渡す。灯りをもらったタンパク質は、そのエネルギーを使って何らかの仕事をする。ここでは鞭毛に働きかけて、モーターを回転させる。

大腸菌のセンサーであるたくさんの受容器の1つひとつの足元が点灯され、たとえていえばイルミネーションのようになる。まるで生命の灯がともっているようなものだ。

3400個もある受容器でひっきりなしに外界の信号をあれこれとらえているとしたら、大腸菌はさまざまな信号の嵐にさらされることになる。信号は、ある瞬間だけでなく、次の瞬間にも降りかかる。そうした情報の混沌の中にあって、どうやって大腸菌は意思決定するのだろう。

それは、人間の世界でも多くのものごとがそうであるように、大腸菌の中でも「多数決」が採用されているのだ。1つの受容器からは、ある信号が発信されて、それが体内で点灯する。他の受容器からは、また別の信号が発信されて、それが点灯する。ちかちかと絶え間なく点灯していて、信号の数の多いほうが優位になる。

ある化学分子に反応する受容器の数がだんだん増えていくとしたら、それはその分子の濃度が高まっているということだ。それとは逆に、反応する受容器の数が減っていくとしたら、濃度が薄くなってきている。それによって大腸菌は、近寄るのか逃げるのかを決める。

大腸菌は身体をその場で回転させて向きを変える。そして回転する前の濃度と、回転した後の濃度の違いを判定する。近寄るなら濃度の高くなっていく方向に進まなければならないし、逃げるなら濃度が低くなっていく方向に進まなければならない。このとき化学分子の濃度が、回転する前と後で時間的に変化したことが認識される。

つまりごく一瞬だけだが、過去のことを覚えておかなければならない。これによって分子がどのように空間的に分布しているかを理解することができるのだ。つまりここでは、空間と時間の認識は、ほとんど同じものということができるだろう。

このように大腸菌は、一瞬だけだが過去にあったことを覚えている。ごく原始的な記憶の萌芽のようなものを持っているといえるだろう。きわめて微小な存在であるにもかかわらず、空間も時間も認識できるのであって、感覚の仕方はある意味で、私たちの原型だともいえるのである。

8　最初の生命は、たった1度だけ誕生した

地球上に細菌から植物、動物まで何千万種という多様な生物がいるのは驚くべきことだ。しかしもっと驚くべきなのは、こうした生物のすべてが、太古の昔にたった1度だけ誕生した単細胞の祖先から樹の枝のように分岐して出現してきたという事実ではないだろうか。

あらゆる生物は、38億年以上前に遠い共通の祖先が誕生し、そこから分岐してきたものと考えられている。科学者たちは、最初に登場した生物体に「最初の世界共通祖先」(Last universal common ancestor) という名前を付けて、その頭文字を取って「ＬＵＣＡ」と呼んで探究している。

塩分の高い海にある光合成細菌のつくった岩ストロマトライトや深海の熱水噴出孔からは、37億年前にはすでに多種多様な原核生物が存在していたことが分かっている。このことから、生命の起源は少なくとも38億年前にはさかのぼるだろうと考えられる。また２０１７年、東京大学の小宮剛らは、カナダのラブラドルにある堆積岩から、39億５０００万年以上前の生物起源の有機炭素を発見したと発表した。生命は38億年よりもずっと以前に発生していたという可能性が出てきた。

しかしなぜ生命が発生したのは、1度だけだったといえるのだろう。繰り返し、何度もいろいろな場所で生命が発生したというようには考えられないのだろうか。

現在の生物学が生命はあるとき1か所で1度だけ発生したと考える根拠は、細菌から動植物まであ

らゆる生物が共通して、きわめて特徴的な仕組みを備えているということによる。

その特徴的な仕組みとは、主に次の4つの点だ。

第1は、あらゆる生物が、核酸（DNA、RNA）という有機分子を遺伝物質として利用していることだ。核酸は、糖とリン酸と塩基という3つのものが結合して長い鎖になったきわめて特殊な形をしている。

第2に生物は、多数あるアミノ酸の中から20種類だけを選んで原料としてつなぎ、タンパク質を製造していく。その際に順番にアミノ酸の種類を指定する3文字ずつの暗号があって、これは64種類になる。これが実に、すべての生物で共通なのだ。

第3に、生物が用いているのはすべて左巻きのアミノ酸に限られる。実験室でつくると右巻きと左巻きのアミノ酸は半々になるのに、生物は左巻きのアミノ酸にこだわっている。

第4は、エネルギーを取り出す方法として、すべての生物は「瞬間的な乾電池」であるATPを利用する。ATPはアデニン塩基と糖と3つのリン酸が結合した、これも特徴的な有機分子だ。

この4つの特徴のうち、どの1つをとっても、偶然に2度、3度と生じてくるようなものではない。ましてこれら4つが重なった形で別々に2度発生したとは、考えられない。これが生命の発生は1度だけだったと考えることの、根拠である。

これらの特徴的な仕組みのいくつかの要因に、ごくまれな例外が知られているが、今のところそれは特殊な事情によって変化したものと考えられている。

このような事実から推測されるのは、38億年かそれよりももっと以前の太古の昔に、私たちの遠い祖先である原核生物ＬＵＣＡが、たった1度だけ、何らかのきわめて特殊な条件が揃ったときに、ある特異点を超えて、生命としてこの地上に誕生したということだ。その場所は深海の熱水噴出孔ともアルカリ噴出孔ともいわれ、また人によっては黄鉄鉱や粘土の表面だったともいい、まだ定説はない。陸上の温泉のようなところだったという人もいる。いずれにしても周囲には、生物になりそこなった有機分子の塊が、ＬＵＣＡの栄養物としてふわふわと豊富に漂っていたことだろう。

9　最初の生命は、感覚を持っていただろうか

それでは、世界共通祖先ＬＵＣＡには、感覚はあったのだろうか。今のところそれを証明する手立てはない。しかし私は、生命は最初から全く無感覚だったのではなくて、外界を認識する能力を持っていたに違いないと考える。

なぜなら感覚がなければ、食料にありついたり、それを見分けて取り込んだりすることができないからだ。生物は膜に包まれていて、膜の内側に外界とはまるで異なった秩序を持っている。最初の生命も、自分にとって必要な分子だけを選択して取り込み、細胞の中で利用していたはずだ。

したがって、少なくとも有機分子を見分けるための匂いの感覚は、ＬＵＣＡも持っていたのではないだろうか。それは現在のあらゆる細菌が匂いの感覚を持っていることからもうかがえる。ＬＵＣＡは、匂いの受容器を備えていたに違いない。

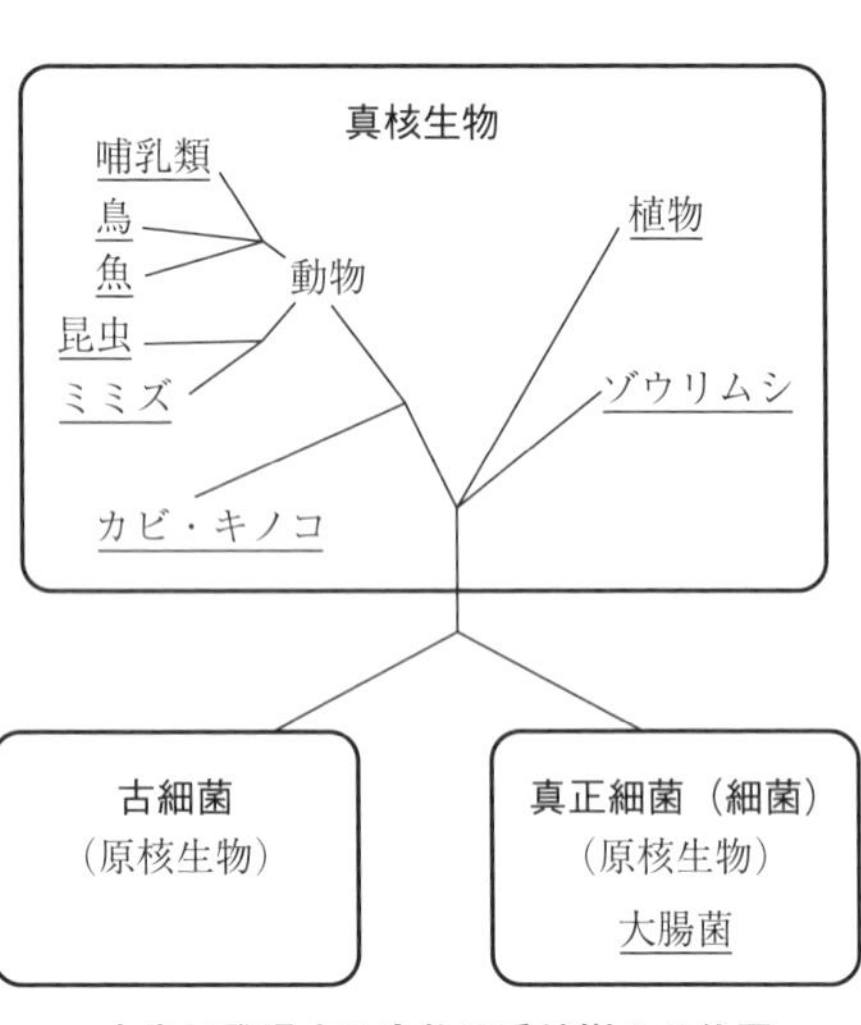

本書に登場する生物の系統樹上の位置

大腸菌の受容器は、1つで何種類もの信号をとらえる多機能センサーだった。これと同じように、LUCAの受容器がさまざまな信号に反応するとしたら、匂い以外の別の感覚も持っていたかもしれない。

さらにいえば、身体の中ではたくさんの化学反応がドミノ倒し式に進行しているが、水分を失ったり温度が下がったりすると、化学反応の速度は遅くなる。したがって最初の生命は、水分や温度に応じて自分の調子が良いか悪いかといったことも分かったのではないだろうか。

以上はあくまでも私の大胆な想像にすぎない。あるいは空想的に過ぎるかもしれない。しかし科学者の中にも「人の情動をもたらす回路と生体状態の起源は、単細胞生物の時代にまでさかのぼる」とか、「主観の根源は、生命の起源それ自体にさかのぼる」旨の主張をする人がいる。そうした考え方には批判もあるだろうが、しかし大腸菌のような細菌でも感覚を持っている以上、原初の生物の感覚を想像してみてもよいではないかと私には思えるのだ。

生物が身体の内部と外界を区別して内部の秩序を維持していくためには、荒々しく変化する外界をとらえるための感覚が必要だ。感覚を持っていることは、生命の本質的な特質といえるのではないだろうか。

1つの細胞にはこれら外界信号をとらえる幅広い能力がある。そのうちのどの信号をとらえて利用するかによって、受容器や感覚毛が特殊化し多様化し、生物種が分岐していく。そして共通祖先を幹としてそこから枝分かれした生物は、枝分かれに枝分かれを重ねて、細かく枝を張りめぐらせた樹のように分岐していった。

今、私たちの目の前に広がる森の木々も、さらさらと風にそよぐ草も、鳴き交わす鳥やぶんぶんと羽音を立てる昆虫も、池の中で泳ぐ魚やプランクトンも、もちろんそれを見ている私たち自身も、すべてが共通祖先から枝分かれした長い時間によってつながっている。その歴史の中で、感覚もまた樹状に分岐し、多彩に花開いていったのだ。

第3章 植物に世界はどう見えるか

林の間の陽射しを受ける空いた場所は暖かくて、柔らかな黄緑の木立ちの間で小鳥がちよちよとさえずり交わしていた。川岸は、濃い桃色をした八重桜がこぼれるように花をつけて、重そうに枝をしなわせていた。どこもかしこも森や野原は、紅や紫や黄で色とりどりの花ざかりだった。

植物と動物を同等のものだと考えてはいけないだろう。地球生命圏は、圧倒的に緑の植物のものと考えるべきだ。そのことは森や野原を歩いてみるとすぐに分かる。あたり一面に景観のほとんどを占めているのは樹木や草花といった植物の生物量であり、昆虫や小鳥などの動物は、植物の間にときどき現れては隠れる小さな生物量の存在にすぎない。

地上の支配者である植物たちは、どんなふうに世界を認識しているのだろうか。

1　大きな森が丸ごと1つの個体

インド・ベンガル州のカルカッタ・インド植物園では、ベンガルボダイジュという1本の樹が直径450メートルにも広がり、鬱蒼と繁った森になっている。たくさんの木々の群落のように見えるが、これは約250年前に植えた1つの株が、枝を張り根を出し、1つの個体のままで広がっていったものだ。

ベンガルボダイジュの樹の高さは、30メートルに達する。1本の幹は、横の空間に枝を張り出して、そこから下に伸びる枝を降ろしていく。枝は地面に到達すると、地面に潜って根になる。この枝のことを「気根」という。気根は新しい幹となり、地中に根をはりめぐらせる。そこでできる幹が伸びると、また枝を横に張り出して、気根を降ろしていく。このようにして、1つの個体がつながったままで、どんどん横に張り出していく。

そして最後は1つの森となって、広大な土地を占拠してしまうのだ。たくさんの木々のように見えるものの、すべてが枝や根によってつながった1つの個体である。あるベンガルボダイジュの木陰では、かつて7000人の軍隊が座って休憩できたのだという。

群落が丸ごと1つの個体だという植物は、私たちの身近にもある。竹の林だ。竹林に生い茂るたくさんの幹は、それぞれが別々の個体ではない。すべて地下茎でつながっていて、タケノコになって指のようににょきにょきと生えてくる。そして数十年に1度、いっせいに花を咲かせて枯れていく。竹林ごと全部が1つの個体なのだ。

一方で、小さいままの段階で寿命を終わる植物もある。アサガオの個体は、出芽してから光のない暗い環境だということが分かると、小さな双葉の段階で花をつけて実を結ぶ。そして生殖を終わると、自分は枯れて死ぬ。また、シダの胞子は、発芽してからまだ2~3細胞という幼い状態でも、すぐ近くにいる成熟した個体から誘導物質を分泌されると、造精器をつくって精子を出す。そしてその個体は、死んでいく。

ベンガルボダイジュ（Wikimedia commons）

植物は動物と違って、個体のサイズがはっきりとは決められていないのだ。どこまでが個体でどこからが別の個体なのだろう。

植物の身体はどこかで分断されると、分断されたそれぞれの部分から再び芽や根が出てきて、身体を再生する。その性質を利用して、園芸では挿し木や接ぎ木が盛んに行われている。春にいっせいに開花するサクラのソメイヨシノは、日本のいたるところに見られるが、すべてが1つの株からできたクローンだ。

植物にとって個体とは、どんなものなのだろうか。

2 ボルボックスは細胞の群体

巨大なベンガルボダイジュも1つの個体なら、小さなシダの幼体も1つの個体だ。個体という概念で植物を見ると、わけが分からなくなってしまう。むしろ植物は、個体という性質が希薄なのだと考えておいたほうがよいだろう。

ゾウリムシのような細胞の1つひとつが集まって、植物という群体をつくっていると考えたほうが分かりやすい。第1章で見たように、ゾウリムシのような単細胞生物は、外敵と戦ったり仲間と接合したりもする。こうした単細胞生物の間のコミュニケーションや応答の仕方がまず存在していて、多細胞生物が登場してきたときに、細胞と細胞の間の連携活動のために用いられるようになったものと考えられる。

単細胞の藻類にシアワセモという種がいる。個々の細胞は葉緑体を持ち、2本の鞭毛を生やしている。その細胞が4個だけ集まって、田の字を描くように並んだのがシアワセモだ。単細胞生物なのだが、細胞が互いに連絡する架橋をつくっている。このため、最も小さな多細胞生物だともいわれている。

シアワセモと同じ仲間にボルボックス類がいる。ボルボックスは、もっとたくさん500以上の単細胞生物が集まって群体を形成し、種によっては細胞数は数万にもなる。

ボルボックスは藻類の仲間であって光合成する。このため、光のある方向を求めて、鞭毛をいっせいに同一方向に動かして泳ぐのが特徴だ。たくさんの細胞で協調して鞭毛を動かしているわけだ。

ボルボックスの群体は、1層の細胞が膜のようになったボールである。しかし、その球体の内側は、何もない空洞なのではない。そこには、次世代になる細胞集団が、もう1つのボールを形成している。いわば子供の群体だ。子供の群体もまた、1層の細胞からできていて、母親とは逆にボールの内側に向けて鞭毛が生えている。

子供のボールは、母親のボールを破って外に出る。そのとき、子供の細胞たちは、細胞の並び方を反転させ、鞭毛を外側に向けて外界に泳ぎだす。このとき子供の群体の内側には、すでに孫の群体に当たる細胞集団がいて、第3のボールとして準備されている。群体は、3重の入れ子構造になっていたわけだ。

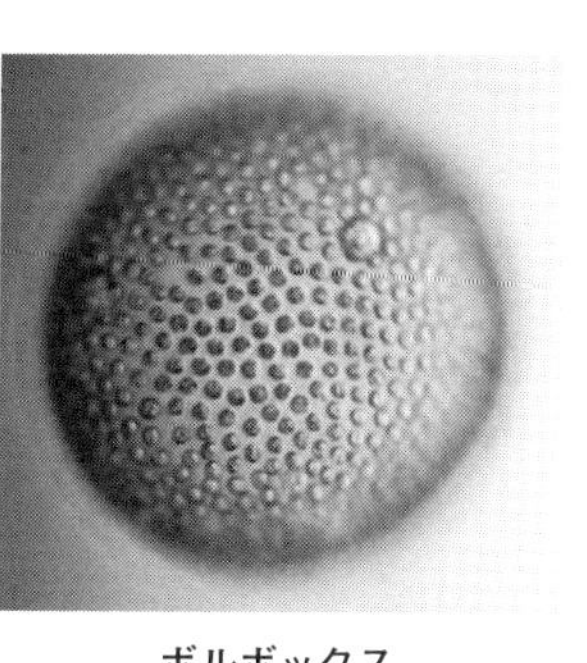

ボルボックス
(Wikimedia commons)

ボルボックスの群体には、精子や卵子といった生殖細胞に分化するものも見られる。環境条件が悪くなると、精子と卵子がつくられて、出会って合体し、群体の新しい始祖となる。そして元の群体にあった細胞は死んでいく。

シアワセモもボルボックスも、基本的には単細胞生物だ。しかし集合して群体となり、細胞が連携し合って機能分担まで行うようになると、まるで群体が1つの個体のように見える。

植物の個体は、これと同様に細胞の群体なのだと観念しておくのが分かりやすい。細胞が基本であってその群体社会なのだと思えば、動物では考えられないほどサイズが自由自在であることも理解しやすいのではないだろうか。

それでは、その群体社会は、どのように外界を認識しているのだろう。

3　植物にとって青い光と赤い光は別の感覚情報

植物の身体には、私たちの眼や耳や鼻のように専門化した特別の感覚器官はない。しかし一方で植物は、全身の1つひとつの細胞が外界を認識するためのセンサーを備えている。センサーは、タンパク質でできた受容器だ。

植物の圧倒的繁栄をもたらしたのは、光合成によって自分で栄養をつくる葉緑体のおかげだった。葉緑体こそ、生物界の食物連鎖の出発点だ。したがって植物は、空から降り注ぐ太陽の光に対して特別に敏感だ。光から周囲の地上に関するさまざまな情報を得ている。

光は電磁波の一部だが、植物が見ている電磁波の範囲は、ヒトの眼が見る可視光線の範囲よりも遥かに広い。植物は私たちには見えない紫外線や赤外線を感知することができる。またヒトにはさまざまな色が入り混じって透明にしか見えていない光も、植物では、青色と赤色の2つの光が区別される。

葉緑体の色素は青色光と赤色光を吸収するので、残る緑色の光は利用されないで反射される。このために、私たちからは植物の身体は緑色に見えるわけだ。しかし葉緑体そのものはセンサーではなくて、葉緑体とは別にセンサーとしての受容器が発達している。

植物は、細胞の1つひとつすべてに光の受容器を持っている。すべての細胞に眼があるようなものだ。しかもこの眼は、1種類ではない。長い波長の赤色光を見る眼もあれば、短い波長の青色光を見る眼もある。さらにはもっと波長が短い紫外線を見る眼も持っている。

最も研究されているシロイヌナズナでは、受容器は11種類が発見されている。

とは言っても、植物は映像を見ているわけではない。光の受容器にはレンズも網膜もないからだ。植物の身体の上に陽が昇り、また陽が沈む。晴れるときもあれば曇るときもある。そのとき植物は、光がどちらの方向から来るのかを感知する。また光が強いか弱いかといったことも分かる。光がどのくらいの時間持続していたかも分かる。また、光の波長によって異なった受容器を持ち、どの色の光が優勢かも分かるようになっている。植物が方向を知るのは、青色光によってだ。一方、昼夜の長さを測定するのは、赤色光によってである。

植物の細胞は、受容器の数だけ異なった感覚を持っているということだ。したがって、植物にとっての青色光と赤色光は、ヒトでいえば光と音ほど違う感覚器がとらえた全く別の信号ということになる。

4 遠赤色光で夜の時間を測る

赤い光を感知している受容器を見てみよう。

植物の細胞の1つひとつの中には、「フィトクロム」という受容器が豊富に存在する。フィトクロムは赤色光と「遠赤色光」を受信し、その比率を判断する受容器だ。遠赤色光というのは、赤色光と赤外線の境界に位置する電磁波である。植物は、この2つの光の比率を見比べて、日没の訪れを知る。

空が青いのは、青い光が空気中の分子に当たって散乱され、私たちの眼に飛び込んでくるからだ。ところが日没の頃には、地球が回転して夕方になると、太陽光は端の方から差し込む。そのとき光は、大気の層を長く通り抜けなければならない。すると、波長の短い青色光は散乱されてほとんど地上に届かなくなる。それまでは通り抜けていた波長の長い赤色光が、大気中の分子にぶつかって散乱される。そして赤色光が私たちの眼に飛び込んでくる。夕陽の空が鮮やかに赤く染まるのは、このためだ。

植物にとって重要なのは、このときだ。西の空が夕焼けに染まる頃、遠赤色光がたくさん地上に届くようになる。可視光線が散乱され、短時間ながら遠赤色光がふんだんに地上に届く。植物はこの瞬間を見逃さない。

植物細胞は、遠赤色光を感知すると、フィトクロムのスイッチをオフにする。それは日没の合図であり、そこから夜の時間が始まる。そして植物は、日没以後の時間を計測する。

朝焼けの光が届く頃、ほのかな赤色光が植物に降り注ぐ。そのとき植物は、フィトクロムのスイッチを再びオンにする。オンになると、植物が成長したり開花したり、あるいは種子が発芽したりする活動を開始する時間だ。

このようにして植物は、遠赤色光を感知したらスイッチを解除し、再び赤色光を感知したらスイッチを入れる。これによって毎日、夜の時間の長さを測る。昼の長さではなくて、夜の長さを測っている。長かった夜の時間がだんだん短くなっていくとしたら、春が近づいてきている。逆に夜がだんだん長くなっていけば、秋が来たと分かる。

春に咲く花も秋に咲く花も、同じ仕組みで夜の長さを測っている。園芸では、この性質を利用して遠赤色光を当てて植物を騙し、人工的に季節をつくり出す。

薔薇色から紫色、そして青色へと層をなして広がる夕焼け空が私たちの心に神秘的な感慨を呼び起こしているちょうどその頃、森でも野原でも植物たちはいっせいに夜の時間を測り始めているのである。

5　植物はたくさんの眼で光を分析する

植物細胞は、フィトクロム以外にもさまざまな受容器を持っている。青色光を感知することのできる受容器は、「フォトトロピン」や「クリプトクロム」というタンパク質だ。

植物はフォトトロピンで青色光の変化を見て、近くにある壁や他の植物を見分ける。茎が光と影を見分けて屈折しながら伸びていくのはこのおかげだ。またこの受容器の青色情報によって、細胞の中で葉緑体の位置を動かしたり、気孔を開閉したりもする。

一方、クリプトクロムも青色光を見る。それによって植物は、葉緑体をつくったり、伸びていく茎をつくったりする。この活動は、赤い光を見るフィトクロムの情報と総合して行われる。またクリプトクロムは生物時計の役割も担っていて、1日の植物の活動リズムを調節している。

私たちヒトが視覚のために用いている光受容器のタンパク質は、4種類だ。明暗の識別のために1種類。青色、緑色、赤色（3原色）の識別のためにそれぞれ1種類である。これに対してシロイヌナズナが持っている光の受容器は、11種類なのだから、11の眼で光の信号を分析し、私たちよりも豊富で精緻な情報を得ているといえるだろう。

種子でいる間は、発芽してよいタイミングかどうかを光によって知る。発芽して茎になると、光のある方向を求めて屈折するタイミングはいつかということが分かる。育っていく際中には、昼なのか夜なのかだけでなく、晴れなのか曇りなのか、春が近づいているのか秋が近づいているのかも分かる。そして成長すると、花をつけるべき時期が来たかどうかということも、光の情報によって知るのである。

6　ハエトリソウは、接触の感覚を記憶する

植物は、重力も接触も感覚する。茎が上に伸び根が下に伸びるのは、地球の重力を感知しているからだ。では種子から発芽した幼い植物を騙してやろうとして、植物体を逆さまにしておいたらどうなるか。根を空に向け、茎の先を地面に向けておくのだ。

植物は騙されない。上の端から生えた根はちょっと横に曲がってからまっすぐに地面に向かって伸びる。下の端の茎も少しだけ横に曲がってから空の方向に伸びていく。

ハエトリソウ（Wikimedia commons）

根の先端の細胞の中に密度の高い塊があって、下の方向を知らせている。逆に、茎の内皮には特殊化した細胞があって、茎の上方向を感知する。植物は、重力で上下の方向を理解したうえで、光の方向を知る。そして重力と光の2つの方向のベクトルを総合して、伸びる方向を決めるようだ。

オオバコは、哺乳類に踏まれる場所では、茎を真上ではなくて斜めの空間に向かって伸ばしてから花をつける。メヒシバは、広々とした場所では茎を横に這わせる。しかしライバルの植物がいると立ち上がり、茎を縦に伸ばして相手を抑え込む。

素早く動くことで印象的なのは、食虫植物だ。恐ろしげなぎざぎざの葉

を持つハエトリソウは、接触を感知して、それを記憶しておく能力さえ持っている。

1本の感覚毛に触った昆虫が、20秒以内に2本めの感覚毛に触れると、バネ仕掛けのようにさっと罠を閉じる。罠は、格子状になった檻だ。1本の毛に触れただけでは罠は閉じない。小さな昆虫だと格子の目から逃げてしまうので、20秒間だけ記憶しておいて、2本めの毛に触れるほど十分に大きな昆虫かどうかを測っているのだ。

7 害虫がいると匂いを発して天敵を呼ぶ

植物は、匂いも敏感に感知する。動物の鼻のような特定の嗅覚器は持っていない一方で、全身の細胞すべてに化学分子の受容器がある。匂いの化学分子は自らも放出し、花がぷんと豊潤な香りを放つばかりでなくて、ヒトには感知できないさまざまな匂いの信号を送っている。

ほっそりとして長く伸びるアメリカネナシカズラは、寄生植物だ。宿主となる植物の茎に巻きつき、寄生するための根を差し込んで、相手から栄養分を吸い取る。

アメリカネナシカズラが成長する過程を見ると、茎は、最初は地上を這う。茎の先では、匂いを頼りに探索が行われ、寄生先となる植物を探す。同じ距離のところにトマトとコムギがあると、トマトを選んでまっすぐに伸びていく。トマトは栄養と水分をたっぷり含んだ大きな実をつけ、吸い取れる養液も豊富だということを、アメリカネナシカズラは匂いによって判断するのだ。

匂いの化学分子は、植物同士の連絡に用いられる。リンゴの実がいっせいに赤くなるのは、気体の「エチレン」によるものだ。たくさんの果実で同時に赤くなるほうが、鳥や獣にアピールしやすい。

多くの植物は、昆虫に食害されたとき、匂い分子によって昆虫の天敵を呼び寄せることさえする。トウモロコシはアリマキに食害されると化学分子を放出し、それに引かれて寄生バチがやってくる。また、ハムシの幼虫がトウモロコシを食害すると、幼虫を捕食するセンチュウを呼び寄せる。ハダニが植物の葉の上で汁液を吸いながら増殖すると、植物はハダニを捕食するチリカブダニを呼ぶ。アオムシに食害されたキャベツは、アオムシの天敵コマユバチを呼ぶ。植物の悲鳴を聞いて、天敵が駆けつける。悲鳴の信号は音声ではなくて、風に乗って届く匂いなのだ。

化学分子は植物にとって、信号だけでなく武器にもなる。植物が合成して溜め込んだ化学分子は、細菌・菌類・昆虫・他の植物などに対して武装するための毒物だ。

人は、薬物やハーブとして、こうした化学分子の効果を活用する。また植物を食べるとき、煮込んであく抜きするのは、毒を水に溶かしだすためだ。野菜は、ヒトが改良を加え、毒を少なくした植物である。

植物は、自分の縄張りを確保することにも熱心だ。双子葉類は、根から周辺の土壌に毒物を分泌するので、同類の仲間でさえ近づくことができなくなる。同じ野菜を同じ畑で何度もつくると、毒物が残って連作障害が起こるのは、このためだ。

8　植物細胞はどうやって「会話」するのか

植物は細胞の群体社会であるわけだが、群体全体としてある程度の統率の下にあることも確かだ。1つひとつの細胞は、光も接触も匂いも感知することが分かったが、それではその情報をどうやって多くの細胞たちの間で共有するのだろう。また、神経があるわけではないのに、どうやって遠く離れた葉と根で連絡を取り合っているのだろう。

植物の信号は、細胞から細胞へと、電気や化学分子が体液に乗って伝えられるのが基本だ。細胞と細胞の間は、微細な管で架橋されている。その細い管の中を電気は猛烈な勢いで伝わり、小さな化学分子はゆっくりと流れていく。「体液共有」である。

植物の表面には、私たちの脳波や心電図と同じように生体電流が現れる。オジギソウは葉に何らかの接触の刺激を受けると葉を下に降ろす。これは、接触した細胞から葉を支える細胞へと電気が流れて信号を伝達するからだ。

観葉植物のカポックの葉では、一部を急に加熱すると、生体電位がスパイク状に変化する。電気、磁気、振動、音、光などで刺激をしたときも同様だった。この電位変化は、ヒトの皮膚に電気刺激を与えたときに現れる表面電位の変化と似ていると報告された。

また、こうした植物の小さな葉では、刺激を長時間繰り返し与えると、生体電位が波のように自動的に繰り返し上下する状態になる。しかも刺激をやめてからもしばらくの間その状態が続く。これは動物が興奮したときに神経系で生じる現象と似ているとされる。さらにアズキの根では、表面に沿って周期1センチメートル程度の空間電位のパターンが発見された。

このように植物体の狭い範囲では、細い管の架橋を通じて、あるいは細胞表面に沿って、電気信号が細胞から細胞へと伝わるものと考えられる。

電磁信号は文字通り電光石火のスピードだが、情報の内容は単純だ。「マイナス」か「プラス」か、あるいは「0」か「1」かの2進法である。これに対して、化学分子の信号のほうは、化学分子の種類が多彩なので複雑な状況を詳しく伝えることができる。化学分子は体液に乗って、ゆっくりとではあるが広い範囲に行きわたる。

植物の成長や運動にとって重要な役割を果たしている化学分子は、ホルモンだ。ホルモンは、同じものでも身体の場所によってさまざまな役割を果たす。たとえばオーキシンは、細胞分裂を促進したり、細胞自体を伸長させたりする。このため茎は、オーキシンが集まって濃度が高くなったほうがよく伸びて、濃度が低い方向に向かって曲がる。

しかしオーキシンは茎の先端部では成長を促進するのではなくて、むしろ横の方向に芽が出ようとするのを抑制する。茎の先の頂点を成長させるためだ。

植物の身体は、外界の状況を感知して、必要なときにホルモンの化学分子を合成する。エチレンはリンゴの果実を赤く成熟させるだけでなく、枯葉をつくったり、外界のストレスから身を守ったりする。アブシジン酸は、葉では気孔を開閉するが、種子では幼い胚を休眠させる。ジベレリンは茎では背丈を伸ばすが、種子の中では休眠を打破して発芽させる。

葉と根のような長距離間でどうやって連絡するかは、まだ解明されていないところが多いものの、少しずつ分かってきた事実がある。

理化学研究所の高橋史憲らは、シロイヌナズナの根の細胞が水不足を感知すると、ある種のアミノ酸複合体（ペプチド）をつくることを発見した。植物はそれを信号として、水に乗せて葉まで運ぶ。葉の細胞はその信号を受けると、アブシジン酸をつくる。そしてアブシジン酸の作用によって、気孔を閉じて、水の蒸散が少なくなるようにする。

また、オーストリア科学アカデミーのスマコウスカールザンらは、２０１８年、シロイヌナズナの細胞表面の受容器には、特定の微細な領域があって、これが少しずつ異なり、２２５種類のものが相互作用していると発表した。受容器から受容器へと情報が伝達されていくのかもしれない。この受容器のネットワークは、病原菌がいることを感知したり、気孔を新しく形成したりすることなどに役割を果たすものと考えられている。

樹木のようにさらに巨大な個体になると体液の循環では間に合わない。そこで葉から気体を放出して全身に知らせるという手段を持つようになった。葉は、表面で病原菌を感知すると、「サリチル酸」を放出する。昆虫が液胞まで齧って来ると、「ジャスモン酸」を浴びせる。これらは侵害者に対する毒であると同時に、気体なので遠くの細胞に伝達するための警戒信号にもなる。

遠く離れた細胞は警戒信号をとらえると、昆虫にとって毒になるタンニンなどを合成しておく。ある１枚の葉が侵害されただけで、離れたところにある葉や芽であっても毒物を製造することとなる。

同じ種の樹木だけでなくて、周辺にいる他の樹木もこの警戒信号を感知することができるので、それぞれ防衛に乗り出す。

サリチル酸メチルのシャワーは、コミュニケーションの手段というだけではなくて、それ自体で病原菌を殺傷することができる。これが私たちにとっては、森の中を歩くとさわやかで気持ちのよい「森林浴」になるのである。

9　植物であるとは、どういうことか

植物の立場で感覚を理解しようとすれば、植物の1つひとつの細胞の身になってみなければならない。植物の細胞は、上下の方向が分かっており、ものに接触するとその感触も分かる。また、光によって明るいか暗いかというだけでなく、ものの形の影や昼夜の長さなどさまざまなものが見えている。さらに化学分子の匂いを受け取ったり自分も発散したりしている。1つの細胞だけで見れば、さまざまな感覚は、ゾウリムシで見たのと同じように統合されていることだろう。

細胞ごとに感覚世界があり、その細胞同士が架橋を通してつながり合って、体液を共有する。体液を共有することにより、細胞は信号を共有し合い、まとまった認識を形成する。このため1枚の葉、1本の根といったように狭い部分では、比較的濃密な認識が共有されていることだろう。

植物の感覚世界は、細胞の感覚世界がたくさん集合したものであり、脳が中心となっている私たち

の感覚とは別の次元の感覚だと考えておくしかない。想像することは難しいが、植物の感覚世界は動物のように集中的に統一されたものではなくて、葉と根のように、器官ごとにばらばらになった局所分散的なものと考えるべきなのだろう。

いわば1枚の葉は、光や匂い、そして温度を感知して、まわりの明るい地上の世界を見渡している。また1本の根は、接触の刺激と匂いを頼りに、水と栄養を求めて暗い地中の世界を伸びていく。

多数の葉がそれぞれごとに認識し、多数の根がそれぞれごとに認識するのだろう。すると認識はまだら模様になっていて、モザイクのように組み立てられているといえるだろう。

ふだんは葉なり根なりが、それぞれ別個に認識し、活動している。しかし外敵が来るとか、水不足が来るといったような生死にかかわるような重大な情報があると、遠く離れた部分であっても信号を発して認識を共有する。そこだけが細い1本の糸によってつながるものと考えられる。

植物の細胞は、一方の端が柔らかくなっていて、分裂してそちらの方向に細胞を付け加えることによって増えていくのが基本だ。多細胞体は、縦につながった細い繊維のようなものとなる。その繊維を横に多数束ねたのが、植物の身体だ。結局のところ、植物は1次元的に成長していく細胞の集まりであって、その細胞が連なった群体社会なのだ。

それぞれが一方向にだけ分裂しながら伸びていくので、細胞たちはゾウリムシと同じように1次元の空間を生きているといえるだろう。したがって細胞が連絡し合ってつくる認識も、直線的につながった1次元的な空間を認識しているのではないかと考えてもよいだろう。植物の感覚は、直線的な1次元の認識が集合したものといってよいのではないだろうか。

第4章 カビ・キノコに世界はどう見えるか

森の池の水辺は、春を過ぎても花が咲き乱れていた。池のほとりは静かで、古い樹がまるで老人のように水面に向かって腰を曲げ、樹の上ではぼんやりと銀色の月が輝いていた。小さな丘の上に1本の大きな樹があって、土がめくれて失われ、四方へ張った黒い根っこがむき出しになっていた。

木々の下に広がる褐色の土の中では、植物の根と協働しながら、膨大な数のカビ・キノコの仲間が生息している。陸上の9割にものぼる植物は、カビ・キノコの仲間たちと共生関係にある。そして陸上植物の8割は、この共生関係によって無機栄養分を提供してもらわなければ生きていくことができない。

もっとも植物と共生しているものたちは一部であって、空気中のホコリに付着しているカビから、土の中から顔を出すキノコまで、この仲間は多彩だ。彼らはいったいどんなふうに生きていて、どのように世界を認識しているのだろうか。

1　土の中の巨人とは、どんなものなのか

森にある1本の樹の周囲で、たくさんのキノコがあちらからもこちらからも顔を出し、ぐるりと輪のように取り巻いていることがある。欧米ではこれを「妖精の輪」と呼ぶ。このキノコの1つひとつは個体ではない。この生物の本体に当たるのは、地面の地下に埋もれている長い糸が絡まり合ったような「菌糸」なのだ。

菌糸は、直径数ミクロン（100分の1ミリ以下）のきわめて細い糸だが、地中の広い範囲でつながっていて、何年も何十年も生きている。

森のキノコは可愛らしくて、食用になるものも多い。一方、食物や住居に生えるカビは、私たちの嫌われ者だ。しかしキノコとカビには、厳密な区別はない。花に当たる繁殖体の部分が大きいものをキノコと呼び、小さいものをカビと呼んでいるだけだ。彼らは「菌類」と総称される。

カビやキノコの一大グループ「菌類」は、大腸菌やゾウリムシといった単細胞の生物とは異なり、多細胞生物だ。キノコの部分以外はあまり目につかないほど小さいが、その生物量は大きい。ある科学者によると、菌類は少なく見積もっても地上に10兆キログラム存在し、ヒトの数で単純に割ってみると1人当たり2トンにもなるという。ある種のナラタケがつくった1枚の菌糸が、16万平方メートル（約16ヘクタール）もの土地を覆ったこともある。この個体は、1500年にわたって成長したも

のと推定された。土の中には眼には見えないが、実は巨人が眠っているのだ。

2 カビ・キノコは手だけが伸びていく生き物

キノコは一見すると、植物のように見える。また、古くなった果物におなじみのカビは、細い糸が絡まり合っているだけのようにも見える。このためカビ・キノコはかつて植物の一部として分類されていた。しかし菌類は、生物の系統としては、植物よりもむしろ動物に近いということが分かってきた。

妖精の輪（Wikimedia commons）

多細胞生物が進化する過程で、約10億年前の遠い昔に植物の祖先とその他の生物の祖先が枝分かれした。そして次の段階でその祖先がまた枝分かれして、動物と菌類という2つのグループになっていった。遺伝子を解析すると、菌類は植物よりも動物に似ている。

カビもキノコも、菌類の本体は長く伸びる菌糸である。菌糸は、細胞1つ分の太さのごく細い糸のようなものだ。しかし伸びる能力は高い。水が十分にあれば、1日に6センチメートル以上も伸びる。

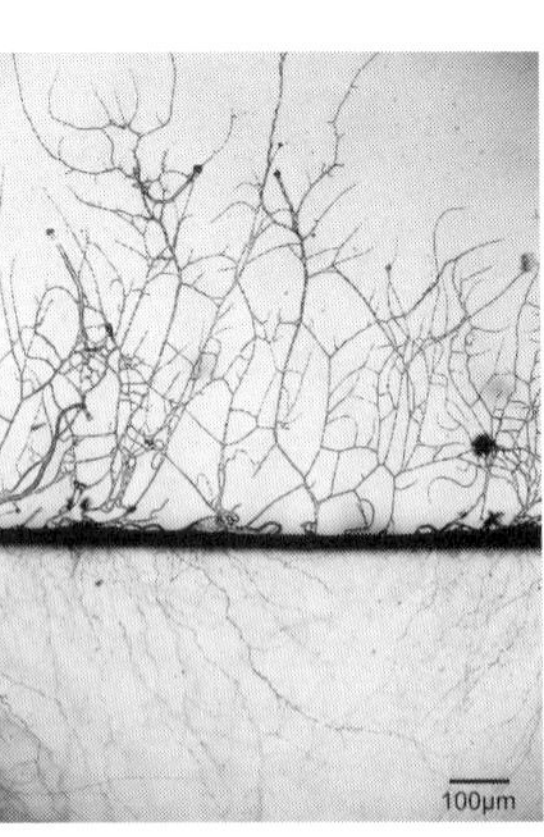

菌糸体（Wikimedia commons, Author Y._tambe）

菌糸の部分を「菌糸体」という。菌糸体は、1個の細胞であるにもかかわらず、それがとんでもなく長く引き伸ばされて円筒状になる。しなやかなチューブのような細胞だ。チューブの部分はあまりに細いので、肉眼ではほとんど見えない。そのチューブがたくさん集まって多細胞体を形成する。これがふだんの姿である。

菌類は種ごとに住む場所が違っていて、土壌の中や、腐った食物の上、植物・動物の体内などにいる。しかし生活様式は似ていて、菌糸体はそこでひたすら手を伸ばし続ける。手は菌糸体であり、手といっても胴体があるわけではなくて、手だけがひたすら伸びる生き物なのだ。

菌糸体の成長には制限がなくて、どこまでも伸び続けることができる。止まるのは、固い障害物にぶつかるか、足場が消失したときだけだ。

3　匂いを頼りに接触しながら探索

手だけが伸びていく生き物なので、伸びていく先端の部分は重要で、匂いも分かれば接触も分かるし、光も分かる。

菌類は、特に匂いに敏感だ。菌類は葉緑体を持って光合成する生物ではないので、他の生物や腐敗物などに取りついて栄養を吸収しなければならないからだ。伸長しながら、菌糸体の先端を触手のように振り回して、栄養物の匂いを嗅ぐ。そして、栄養物に到達するまで、身体をひたすら伸ばしていく。

伸びていった先で植物の葉などに孔や傷口を見つけて、そこから入り込み、養分を吸う。動物のように運動して移動するのではない。菌糸体という自分の身体をどこまでも伸長させることによって、目的地に辿り着くのだ。

手の先の細い触手は、くねくねとあたりをうかがいながら、匂いを感知する。触手で触れたものが固いか柔かいか、あるいは暖かいか冷たいかといったことを判定する。

触手を振り振り身体をひたすら長く伸ばしていく姿は、私たちの神経細胞ともちょっと似ているのではないだろうか。

腐った食物の上に白いカビが生えているのを見ると私たちは顔をしかめるが、カビたちにとっては喜びの饗宴だ。細くて長い菌糸体は、細胞のところどころに節をつくり、2つの細胞に分裂したり、3つめの細胞をつくったりして、多細胞体になる。どの細胞からでも、新しい菌糸体をつくることができる。

菌類が特徴的なのは、長い菌糸体と長い菌糸体の先端が出会うと、2つの菌糸体がくっついて1つに癒合することだ。そして、1つの細胞の中に2種類の核があるようになる。キノコの多くでは、1つの細胞の中でタイプの異なる核が出会うと、その核同士は合体しないでそのままでいる。そして2

つの核を持った細胞のままで、どんどん増殖して子孫をつくる。子孫の細胞は、どれも2つの核を持つことになる。

しかも2つの核だけにとどまらない。さらに他の菌糸体とくっついて核を取り込むと、1つの細胞の中で、核の数をどんどん増やすことができる。菌糸体の細胞は、たくさんの核の社会のようなものなのだ。その中で互いを気に入った2つの核がやがて合体して、有性生殖を行うことになる。

私たちの身体の中にも、たくさんの細胞が融合して1つの細胞だけで多数の核を持つようになったものがある。それは、筋肉細胞だ。

カビ・キノコの菌糸がひたすら伸びる神経細胞に似ていたり、多数の核を持つ筋肉細胞に似ていたりするのも、共通の祖先から枝分かれしたことによるのかもしれない。

4　キノコは巨人の生殖器

菌類は光も感知する。しかし感知しているのは、青色光だけだ。青色より少しだけ波長の短い紫外線は感知するが、青色より波長の長い光は感知することができない。たとえば赤色光に照らされていても暗闇にいるのと同じだ。そして青色の光を頼りに、菌糸体を屈折させる方向を決める。

植物の身体の中に潜り込んだ菌糸体は、光の射さない真っ暗闇の中にいる。ここでは匂いだけを頼りにして、さらに手を伸ばしていく。あるとき触手の先でまぶしい青色の光が見えたら、そこはもう植物体の外であり、つまり出口だ。

　土壌の中でも同じことだ。菌糸体は、光の射さない真っ暗の闇の中にいる。そこで頼りになるのは匂いである。そして、どんどん伸びていって、あるとき降り注ぐ青い光が見えたら、そこは土壌からの出口なのだ。

　光を見ると、それまで土の中や植物の中で栄養を吸って十分に蓄えてあるのだから、ここで生殖をしようという気分になる。

　あるとき条件が整ったとみるや、菌糸体はぎゅっと集束する。土の中で準備しておいて、降雨がきっかけになることが多い。そして一日のうちに水を吸って、地面にもこもこと顔を出す。これがキノコだ。顔を出すといっても、菌糸体のすべてが現れるわけではない。キノコの部分は菌類にとっていわば生殖器なのだ。キノコは、繁殖するときだけ地上に現れる巨人の生殖器なのである。

　それまでに成長した菌糸や蓄えた栄養分の量に応じて、キノコが形成されて地上に出てくる。この章の冒頭で見たように、たくさんのキノコが1本の樹を取り巻いて輪になるように生えてくることもある。森のあちこちに分散して生えているキノコであっても、実際には地下でつながっていて、すべてが1つの個体だということもある。

　キノコができると、無数の胞子が放出されていく。その数、実に1秒間に1万個だ。それが数日間も続く。種によって100億から2兆個もの胞子を放出することになる。これほどの子孫をいっぺんに撒き散らす生物は、菌類だけだ。

　その胞子も1つひとつが生物体である。菌類の種によって、その形態もさまざまだ。空中を風に乗って漂うものだけでなくて、雨滴を受けて移動し、水の中を泳ぐ胞子もいる。また、分裂して身体を伸ばし、前に進む胞子もいる。複雑な付着器をつくって動植物にくっつく胞子もいる。菌類の中には、センチュウに寄生する種がいるが、その胞子は化学分子を放出して、匂いでセンチュウを引き付ける。

胞子の話から少しそれるが、土の中でセンチュウを捕えて食べる菌類は、50種類以上もいる。伸長する菌糸をセンチュウの身体の中に差し込むのだ。その狩りの仕方もさまざまで、あるものはべとべとした袋状のものをつくり、獲物がくっつくと菌糸を伸ばす。あるものは、クモの網のように網を張りめぐらせる。みごとなのは、投げ縄のような輪で罠をつくるカビだ。輪の内側に3個の細胞があって、センチュウが輪を通ろうとしてそこに触れると、バネ仕掛けのように細胞がぱちんと内側に広がる。そして獲物を締め付け、捕えてしまう。

アキヤマタケ（Wikimedia commons）

5　2万1000通りの性を持つ種もある

このようにして菌類は、自分の獲物がちゃんと認識できている。そして菌類もまた有性生殖をするので、自分とつがう異性の相手を見分けることができる。

菌類は、動物や植物とは違った生活様式を選択しており、生殖の方法も動植物の常識があてはまらない。菌類には、オス・メスの違いがない。しかし核には、合体できる相手と合体できない相手があり、自分と同じタイプの核とは合体できない。このような性質を「和合性」という。

しかも、菌類の和合性は、オスとメスというよりももっと複雑だ。合体できるかできないかの区分は、2通りではなくて、菌類の種によって多数に分化する。4種類以上の性を持つ菌類はざらにいる。

230種類のキノコを調べた結果によると、性のないキノコもいて、それは10%だった。2つの性を持つものが35%、4つの性が55%、8つの性を持つものもいた。数十通りの性を持つ種もいる。非常に複雑になったスエヒロタケでは、性を決める因子が多数に分岐したため、2万1000通りもの性の種類がある。

自分と全く同じタイプでなければ合体できるのだから、自分にとって異性は何タイプも存在するということだ。スエヒロタケの身になれば、2万通り以上のタイプの異性がいることになる。もしも私たちの祖先がこうしたキノコの1種だったとしたら、恋愛関係はとんでもなく込み入ったものになってしまったことだろう。

何通りも、ときには何万通りもある異性のことをどうやって見分けるのかは、ゾウリムシのときと同じようにまだ謎のままだ。顕微鏡で見ても分からないのに、当の菌類たちはちゃんと見分けている。

しかしたとえばアリは、触角で他のアリに触れてみて、体表の炭化水素の構成によって区別して、同じ巣のアリかどうかを判別する。また私たちの身体の中でも、免疫細胞は、化学分子の匂いによって、異常になってしまった細胞を見分ける。菌類の感覚でも、こうした化学分子の信号が、相手を識別する手段として使われている可能性があるのではないだろうか。

菌類は細長い菌糸体が集まった生き物だが、多細胞生物なので、細胞と細胞が信号を伝達し合わなければならない。もちろん、動物のような神経があるわけではない。細胞と細胞の間は穴でつながれていて、そのトンネルを通って体液が流れている。菌糸の先端が伸びるために、小さなカプセルに入れた栄養や材料が、菌糸体の後ろの方から送り込まれてくる。

そうした意味で、菌類もまた植物と同様に、細胞の群体社会なのだ。群体社会ではあるものの、細胞同士が体液共有によって連絡を取り合って、身体全体で一定の統合がなされているものといえる。菌類もまた細胞が一方向に伸びるだけの存在であることから分かる通り、おそらくは1次元の空間認識を持っているといえるだろう。

その感覚世界は、菌糸という細胞を単位として、植物の細胞と同じように一応はそれぞれにばらばらではあるだろう。菌糸の細胞の感覚世界にとっては、匂いがとても重要で、同時に接触して土や植物や動物を見分けながら、ひたすら伸びて進んでいく。多数の菌糸はふだんはばらばらで、別々の生物のように振る舞っていて、それぞれが判断して思い思いの方向に伸びていく。

しかし光のような重要な情報に接すると、細胞から細胞へと体液共有ができて、身体の多くの部分で共通認識が形成される。そして集合してキノコという繁殖体を形成するということではないだろうか。

そうはいっても、地下の巨大な面積を1個体で占めているようなケースでは、あちらからもこちらからもキノコが生えてくるわけだ。したがって地下の菌糸の巨人にとっては、植物の認識がモザイク状になっていたという以上に、その認識も場所ごとに偏りのあるまだら模様になっていることだろう。

第5章 ミミズに世界はどう見えるか

雨上がりの日、森の小道の上に、長さ15センチメートルもある褐色に光るミミズが這い出していた。このままでは小枝と間違って、人の靴に踏まれてしまうと思い、私はそばに落ちていた小枝でミミズの胴を掬いとって、黒い土の上に放してやった。ミミズの動きは実に緩慢で、私が小枝で掬ってもだらりと垂れ下がるだけだ。地面の上に置いても、のんびりと曲線を描いて横たわったままだ。

少し経ってから戻ってくると、先ほどのミミズが長々と身体を伸ばして、土の上でだらりと一直線に寝そべっていた。ミミズというのは、たくさんの体節を持ったただの腸のようなものに見える。

そこで私は小枝の先で、胴体の真ん中をつんつんと小突いてみた。最初の反応は鈍くて、つつかれた体節のまわりが少し動いただけだった。しかし何度もつついていると、ミミズは全体が明らかに興奮状態となった。それまで細長かった頭部が膨れ上がり、右に左に振られたかと思うと、ミミズの前方が細くくびれて、驚くほどの速さで前方に伸びた。そして身体全体が、ずるりと前の方に動いた。動いた距離は1センチメートルとわずかだったが、ミミズとしては全速力で逃げているのだろう。

輪をはめたような太い体節（環帯）は生殖に用いるためか特に敏感で、小突くと身体全体が驚愕したようにぴくりと動いた。胴や環帯をいじめるようにつつき続けていると、今度は胴体の全体がぐにゃりと丸まって楕円形になった。身体を丸めて防御態勢に入ったのだ。

私の迷惑な小突き回しによって、ミミズは興奮と驚愕、さらには恐怖まで味わったかもしれないが、そのおかげで、ミミズは明らかに身体全体で統合された感覚を持っているのだということが分かった。

1　ミミズに知能があるとはどういうことか

進化生物学の祖チャールズ・ダーウィンは、『種の起源』を著した後、何十年もかけて息子と一緒に、庭のミミズを研究した。そしてミミズが自分の巣穴に木の葉を引き込む様子を見て、「ミミズはある程度の知能を示す」と結論づけた。

知能とは、生まれつき持った本能とは違って、自分の経験を踏まえて判断する心の働きだ。眼など特別の感覚器を持っていないただのヒモのようなミミズに、いったい、知能のようなものが備わっているのだろうか。

ダーウィンが観察したミミズは、地面から土の中に深く掘り進んだ巣穴を持っている。日中は巣穴の中にいて、夜になると地面に出てくる。そして植物の切れ端などを巣穴に引き込む。この目的は2つあって、1つは柔らかな植物を地下の穴の中で食料にすることだ。もう1つは巣穴の入口を塞いで、

ミミズ（Wikimedia commons）

小鳥などの捕食者から見えないようにするためだ。巣穴を塞ぐ目的のためには、枯葉、小石、羽毛などを用いる。

地面に出たミミズは、木の葉を見つけると、その端を口でくわえて引っ張り、巣穴がふさがるまで引き込む。ここまでは本能のなせる技だろう。ダーウィンが注目したのは、木の葉の形によって、ミミズが引き込み方を変えることだった。

ハート型をして、先端が尖り根元が広がっている葉の場合は、先端をくわえて巣穴に弾き込むことが多い。根元から引き込んだのでは、巣穴につかえてしまうからだ。

一方、松葉のように針状に尖って2本が根元で接着している葉だと、逆に根元をくわえて巣穴に弾き込む。こちらも先端を引っ張ったのでは巣穴につかえてしまう。

理にかなった行動であり、ミミズは葉の形状を見分けているのだろうと考えられた。その後他の人が行った実験でも、二等辺三角形の紙片を与えると、ミミズは必ず尖った先をくわえて巣穴に引き込んだという。しかしミミズは眼がないのに、どうやって形状を見分けるのだろう。

2　ミミズの空間は2次元の平面

ミミズの身体は、100前後の環状の体節からできている。前と後ろはちゃんとあって、一番前方に口、一番後方に肛門がある。1つひとつの体節には輪状の筋肉があり、ミミズはこの筋肉を収縮させて細くなる。そして次に体節を縦長にまたぐ筋肉を収縮させて太くなる。この蠕動運動によってミミズは前進する。

土の中にいるとき、身体の先端を細長く引き伸ばして、土の隙間にドリルのように突き立て潜り込ませる。次に喉の奥にある輪状の筋肉を前方に押し出すと、身体の先端が膨らんでくる。それによってまわりの土を押しのけて、穴を掘るのだ。

ミミズは土を大量に呑み込んで、その中に含まれる有機物を何でも栄養にする。腸の中には微生物が共生していて、有機物を分解してくれる。消化済みの土は粘液と混ぜ合わせて、フンとして排出する。それが土壌では肥沃土となる。ミミズはこうやって、1日に自分の体重と同じくらいの土を食べて排出している。

ミミズの感覚を見てみよう。真っ暗闇の地中で生活をしているミミズは、何かに接触する刺激に対して特に敏感だ。私たちの皮膚と同じように、接触の受容器は全身にくまなく分布している。怖ろしいモグラが近づいてくると、その振動を察知してミミズは巣穴から外に逃げ出す。

木の葉をくわえ込むときは、葉に触れてみて、その接触の刺激によって形状を識別しているものと考えられる。特に松葉の場合には、鋭い先端に接触するとミミズは口を引っ込める。一方、キャベツやタマネギといった柔らかい好物があると、離れたところからでも近寄って探り当てる。これは匂いに引き寄せられるものと考えられる。

さて、ものの形を見分けるためには、どのような空間認識が必要なのだろうか。

眼で見るのではなくてものに触れてみて理解するのだとしても、ものの右側と左側を区別する能力は必要だ。そして右側と左側の識別ができれば、ものの形というだけでなくて、自分の身体の方向も決めることができる。自分の前後だけでなく、身体が左右のどちらの方向を向いているかも分かることになる。

これによって外界に方向性があるようになり、自分がどちらの方向に行きたいかということも分かるようになった。つまり、ゾウリムシにはできなかった定位行動が、ミミズではできるようになったのだ。

ゾウリムシは、直線的に前方に進んだり、後方に退いたりするだけで、行き当たりばったりに世界を把握していた。ここでは1つの細胞が移動することによってのみ感覚世界を構成しており、それは直線が行ったり来たりすることで把握される1次元の空間だった。

植物の1つの細胞も、分裂して単線的に伸びることによって多細胞になっていった。細胞に前と後ろの区別はついているので、その感覚している空間も直線的な1次元のものだと考えられた。直線の認識が体液共有によって、多くの細胞で共有されるのだ。茎が左右に曲がるのは、ゾウリムシが方向転換するのと同じようなものだ。茎には、ホルモンによって直線が折れ曲がる機構があるからだ。長く伸びていくカビやキノコの菌糸も同じように、1次元の直線的な空間だけを認識しているものと考えられた。

これに対して、ミミズが定位行動をするということは、空間の持っている方向性が分かり、広がりが分かるということだ。つまり、2次元の平面的な空間を認識することができるようになったということになる。

3　2次元の内的地図ができた

ミミズは、簡単な迷路を学習することができる。T字型の道をつくって、右に行けば報酬として砂糖水を与え、左に行けば罰として電気ショックを与えるようにする。繰り返しこの試行をさせると、ミミズは右に曲がるようになる。

T字路の突き当りのところで立ち止まって、ミミズは何を考えるのだろうか。そこで現れて来るのは、右に行って快感が得られた記憶、左に行って不快感を受けた記憶である。ミミズはこのとき、明らかに内的な地図を見ていて、それによって自分の進む方向を決める。

これは、経験から記憶して学習するという、まさしく知能の働きによるものだ。

それでは右や左といった方向性を持つ2次元の空間が認識されるのは、いったい生物のどの段階あたりからなのだろうか。

それは、神経細胞が縦だけでなく横にも張りめぐらされて、刺激の情報が縦横に行き来し、演算されるようになった動物からだろうと私は考える。

今から6億年ほどの遠い昔、私たちの祖先が海底でふわふわした堆積物の上を這い回っていたとき、前方に感覚器を集めて身体に前後の軸ができ、同時に左右の軸ができた。

左右対称の動物は、体節がいくつも集まった繰り返し構造でできている。ミミズやムカデなどは体節の繰り返し構造が明らかだが、貝類や私たち脊椎動物も繰り返し構造でできている。ヒトの身体も外からは体節が分かりにくいが、胎児のときに身体の基本をつくるのは背骨であり、それは同じ形の骨の繰り返し構造だ。

ミミズの体節は、1つの体節ごとに筋肉・血管・腸管・神経節がある。この体節をつないで、縦長の2本の神経が腹側中央に走っている。神経節からは、右と左に、横に伸びる神経が出っ張っている。身体の前方には、口の近くに神経細胞が凝集した塊があって、これが脳だ。

左右対の神経系が縦に2本走っていて、体節で左右の横に出っ張っているところが重要だ。これによってどちらの感覚受容器から入力があったかが分かり、ミミズは平面的な左右の空間が識別できるのだ。

ミミズの身体はヒトに比べて遥かに単純ではあるが、こうした体節の繰り返しとか、神経のつながり方といった基本的な部分はヒトとも似ている。私たちもまた、左右対称の形態を持った動物だ。脳にさえ右脳と左脳という左右の区別がある。

左右対称の形となったミミズは、こうして平面的な空間認識を得たのだった。

4　ミミズは光をどう感じるか

接触によって右と左を感じ取るにしても、ミミズの視覚のほうはどうなっているのだろうか。ミミズは光を浴びせられると、反対の日陰の方向に逃げようとする。身体はいつも湿った状態でなければ皮膚呼吸ができなくなるので、日光が射して乾燥しやすいところは避けなければならない。夜間に地表に這い出したときにも、光を浴びせられると巣穴に逃げ込む。前後左右のどちらから光が当たっているかも分かるということだ。

このようにミミズは眼がないにもかかわらず、光を感知する。これは光を感知する細胞が全身の皮膚のさまざまな場所に分布しているからだ。いわばミミズは全身の皮膚で光を見る。光を感じる細胞は多くの体節にあるが、特に身体の前端と後端の部分では密集して敏感になっている。

レンズのない視覚、つまり映像を結ばない視覚とは、どのようなものだろうか。それは、不思議でも何でもない。私たちもまぶたを閉じてみるだけで、レンズのない視覚を実感することができる。まぶたを閉じていても、どちらの方向が明るいかを知ることができる。眠っている人でも、光がまぶしければ、寝返りを打って顔をそむける。ミミズは全身でまんべんなく、どちらの方向が明るいか暗いかを見ているわけだ。

ミミズの光を感知する細胞は、中央のあたりが窪んでいて、そこに微細な毛が生えている。そこに光が当たると変形する色素タンパク質が埋め込まれていて、それによって刺激を認識する。

ただし、光を浴びたときにミミズがいつも同一の反応をするかというと、そうではない。食事中のときや、巣穴を掘っているとき、あるいは交尾の最中など、何かに集中しているときは、光を浴びても無関心となる。

ミミズが何かに集中するということは、注目すべきことだ。

これはミミズの行動が決して単なる反射ではないことを示している。光という1つの刺激に対して、ケースバイケースで違った反応をするのだ。ミミズの脳の中では、取り上げる信号と場合によっては無視する信号とが、取捨選択されているのである。

ミミズが光の信号によって見ている外界は、ぼんやりとした明暗だけの世界だ。しかし土の中はさまざまな土石や木の根、腐植土などの感触と、昆虫・センチュウ・モグラなどの振動に満ちている。地面を走るネズミや小鳥の足音もする。さらには植物の根や落葉の発する化学分子の匂いに満ちている。土の中で暮らすミミズにとっては、光の明暗以上に振動や匂いが重要な要素となって、感覚世界を形成しているものと考えられる。

5　エリ鞭毛虫とカイメンに神経細胞の起源があった

ミミズが持つようになった2次元の空間認識や外界の信号を取捨選択する能力は、動物に神経系が登場することによって生物界に初めて現れた機能だった。それでは、神経系を持った動物はどのように出現してきたのだろうか。

動物の祖先は、菌類と同じグループの中から分岐した後、菌類のようにただ身体を伸ばすのではなくて、身体を移動させて動き回る生活を選んだ。その分岐した頃の始祖に当たるのは、「エリ鞭毛虫」のような単細胞の生物だったと考えられている。

エリ鞭毛虫は、1個体が1本の長い鞭毛を持っていて、これを打ち振りながら細菌などを捕食する。ただし1個体だけで生きていくのではなくて、多くの場合は群体になる。群体は、1本の茎のような長いケーブルをつくって岩などに固着する。群体の形は、逆さまにしたイヤリングのようなものだ。この群体の中から、運動する細胞、栄養を獲得する細胞、生殖を担う細胞などが専門分化して、やがて多細胞動物ができていったものと考えられている。

2008年、エリ鞭毛虫のゲノム（すべての遺伝情報）が解析された。そのとき、研究者たちを驚かせたのは、この単細胞生物がそれまで動物だけで発見されていた遺伝子を多数持っていたことだった。動物の神経細胞が必要とするタンパク質の遺伝子を、単細胞だったエリ鞭毛虫の祖先がすでに7

億年前から持っていたのだ。発生途中に神経細胞が標的めがけて伸びていくときに周辺の細胞から道案内として放出されるタンパク質、それをとらえるための受容器のタンパク質、さらには神経細胞が電気興奮のためにつくるイオン・チャネルのタンパク質までも、エリ鞭毛虫がすでに持っていた。

エリ鞭毛虫の祖先は動物の共通祖先だったというだけでなく、動物の感覚のための基盤をすでに備えていたのだ。

エリ鞭毛虫よりも一段進化して、はっきりと多細胞動物といえるようになったのは、カイメンだった。

サンゴ礁の海底で真紅や琥珀色、あるいは薄紫色をしてふわふわゆらゆらと暮らすカイメンは、鞭毛を持った細胞の集まりだ。多くは壺型になっているものの、決まった形はなくて細胞の群体とそれほど変わりがない。しかしカイメンの細胞は4種類に分化していて、これらが一致団結して機能するのだから立派な多細胞動物である。他方、神経系や感覚器のために専門分化した細胞はまだない。また他の動物と違って、1枚の膜で外界と身体が区分されていない。

カイメン
(Wikimedia commons)

カイメンは個々の細胞をばらばらに分離すると、1つひとつで生きていくことができる。集めて混ぜると、寄り集まり手をつなぎ合って、再び1つのカイメンになる。この現象も不思議なものだが、カイメンが植物と同じような細胞の群体社会なのだと考えてみると分かりやすくなる。

とは言っても、カイメンは通常ばらばらの細胞として自由生活をしているのではなくて、細胞の間は、細い管によってつながっている。そこから小さな化学分子が出入りし、認識の共有や相互作用ができるようになっている。体液共有である。

カイメン動物には神経系はないものの、神経細胞に似た細胞を初めて出現させた。カイメンは固着性の動物だが、幼生のときには遊泳して水の変化を感知し、固着したい場所を探索する。幼生の体細胞のいくつかに深く窪んだ穴ができて、長い毛の生えた細胞ができる。この細胞は、ホルモンを分泌して身体の中に号令を出すようになる。

この細胞を発生させる遺伝子ネットワークは、私たちの神経細胞の遺伝子ネットワークとよく似ているのだ。毛の生えた細胞の内側から複雑な内張りをつくる構造も、神経細胞の結合部の内側の構造やタンパク質の種類に至るまでよく似ている。つまり毛の生えた細胞と私たちの神経細胞は、同じ祖先に由来するものと考えられるのだ。

6　イソギンチャクには方向が分かる

私たちのヒザを軽くこつんと叩くと、ぴくりと脚が動く。膝蓋反射だ。これは、1本の神経細胞が脊髄まで刺激を送り、そこから電光石火で折り返してまた1本の神経細胞が筋肉に指令することによって起こる。このとき信号は、脳を介在していない。

1本だけの神経細胞がやっていることは、体液共有とあまり変わりがない。長い身体の中で電気を伝達して、尾の先端から化学分子を放出する。これによって起こるのが単線的な反射の反応だ。

しかし神経細胞が集まって網目状になってくると、もっと複雑に反応することが可能になる。

カイメンよりも少し進化したイソギンチャクには神経系があって、ちゃんと統合された運動をする。しかしイソギンチャクは、海底にへばりついている植物のように見える。獲物の魚がいると匂いを嗅ぎつけて触手を伸ばし、絡みついて触手からねばねばした粘液を出す。そして触手を引っ込めて魚を口に入れ、入口をすぼめる。また、天敵が近づいたと察知すると、多数の毒銛を爆発的に発射する。さらに光を浴びせると、海底に吸着している足を使って、暗がりの方向に逃げていく。

イソギンチャク（Wikimedia commons，サンシャイン水族館）

このような活動を見ると、イソギンチャクには部分的であれ距離を測ったり、方向を決めたりすることができるものと考えられる。つまり定位行動ができるのだ。特に触手が魚をとらえる運動は機敏なものだ。

イソギンチャクには脳のような中枢はなくて、身体中に神経が縦横に走っているだけだ。したがって外界について、統合された映像のようなイメージが形成されているとは考えられない。むしろ触手、粘液の腺、口といったそれぞれの器官の神経と筋肉が、それぞれに判断して動いており、それが相互作用し合って、全体として調和のとれた動きを実現しているのだろう。

注目したいのは、神経が1本線ではなくて縦横にジャングルジムのように張りめぐらされたネットワークになっていることだ。1本の触手には、縦に伸びる筋肉と環状に収縮する筋肉があり、それぞれに神経細胞が接続している。

つまり、触手の1本だけで、右と左の方向を認識し、定位行動をすることができるのではないかと考えられるのだ。触手の受容器が受けた信号が、触手の神経ネットワークの中で演算されて、初歩的ながら平面的な左右と方向を決める空間認識ができているものと考えてよいのではないだろうか。

7　6億年前のスプリッギナは、神経系を持っていただろう

それではこうした空間を測ることのできる神経系というものは、いつごろ登場したのだろう。多細胞動物が誕生したのは約7億年前頃と想定されるので、その頃からカンブリア紀に眼のある動物が登場した5億4000万年前までの間のどこかの地点だろうと考えられる。

6億3000万年前頃から、「エディアカラ動物群」と呼ばれるふわふわした葉っぱのような平べったい動物たちが現れた。これらの動物は、カイメンにも似ていて、どちらが前なのか後なのか、神経があったのかなかったのか何とも判別しがたい。しかしその中に「スプリッギナ」という、体長3センチメートルほどの小さな動物がいた。

スプリッギナは、左右対称で背中には真ん中を示す目立った線があり、はっきりした頭部と尾部を持つ。身体は40ほどの体節に分かれていて、しなやかに湾曲することができる。海生の環形動物だとも、原始的な三葉虫だともいわれているが、いずれにしても、左右対称のこの体型は、明らかにカイメンなどとは違う。それなりに発達した神経系を備えていたに違いない。

神経系は、光だけでなく、匂いや接触の感覚なども含めて、迅速に統合する。1つひとつの細胞の立場から見れば、多細胞動物の身体は広大無辺の天地のように大きい。それにもかかわらず神経系のケーブル網が縦横に張りめぐらされているおかげで、外界の認識が電光石火で伝達し合われる。そして全身の細胞が一致団結して、乱れのない運動をすることができるようになったのだ。

神経細胞の集団がいつの頃から内的地図を描くようになったのかは、はっきりとは分からないが、スプリッギナのように左右対称の体型を持つ動物であれば、神経系があったことは間違いないだろう。それは、6億年もの昔のことだ。脳と呼べる中枢神経を持っていて、すでに内的地図を形成していた可能性もあるものと考えられる。

8　三葉虫の眼によって3次元空間が出現する

さて、2次元の平面まで広がっていった空間認識は、どこで3次元の立体空間を認識するようになったのだろうか。

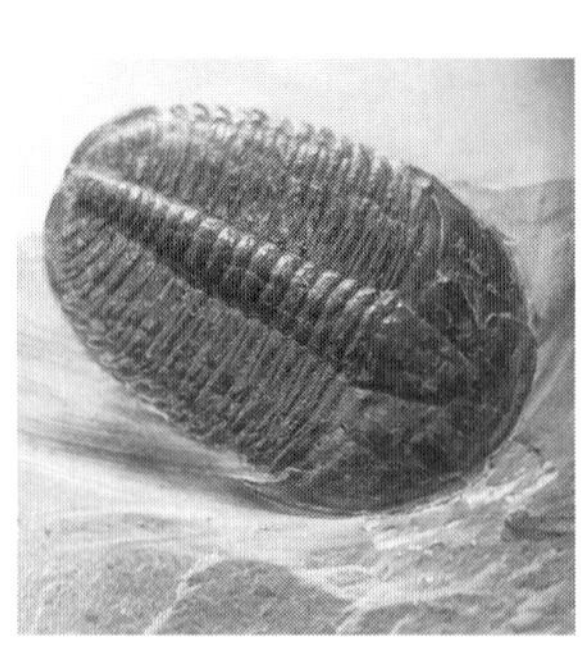

三葉虫の化石
（Wikimedia commons）

5億4000万年前から始まるカンブリア紀には、三葉虫が登場した。三葉虫は、レンズを備えて外界の映像を見た初めての動物だと考えられている。化石に残る三葉虫の眼は複眼だ。それは、昆虫の持つキチン質の複眼とは違って方解石でできた堅牢なものだった。

私たちが認識しているような縦・横・奥行きのある3次元空間を視覚で認識するためには、レンズと網膜を備えて映像を結ぶ眼の登場を待たなければならなかったはずだ。

眼のない動物にとっては、空間は上下だけの1次元の直線か、左右を加えた2次元の平面で構成されていた。ゾウリムシにとって重力や接触でできた1次元のいわば「バランス感覚」にすぎなかったものは、ミミズになると2次元の「方向感覚」となった。しかしここで三葉虫のように、レンズ眼が登場して奥行きまで認識するようになると、3次元まで見通せる「遠距離感覚」が生じることになる。ただし眼という感覚器官だけでは、空間を解釈することはできない。空間を解釈するためには、空間の配置を写し取るようにして神経細胞が集団になって並んで配置されることが必要だ。

ミミズのように2次元平面の空間配置なら右と左を区別するだけでよくて、神経細胞はそれほど多数でなくてもよいだろう。しかし3次元空間の奥行きまで分担するとなると、脳を構成する神経細胞の数も飛躍的に増加しなければならなかった。眼のないセンチュウの神経細胞は約300個だったのに対して、眼のあるエビやカニとなると約10万個にもなる。おそらく三葉虫にも、それに近い数の神経細胞があったことだろう。

レンズ眼が登場すると、視覚の世界は一気に開ける。外界は映像を結び、外界の様子をくっきりと知ることができる。捕食する者も捕食される者も、相手を見ながら能力を上げる。捕食者はスピードを上げ、武器を備え、さらに感覚を研ぎ澄ましていった。逃げる者のほうは、こちらも眼を備えて、スピードを上げげたり、擬態をしたりして、さらに感覚を研ぎ澄ました。このようにとめどなく性能を上げていく軍拡競争が起こった。これがカンブリア紀において、種が爆発的に多様化していくきっかけの1つとなったものと考えられている。

眼は、ある1つの動物が共通祖先として開発した器官だというわけではない。眼のない段階の動物がさまざまな系統に分岐していった先で、それぞれに独自に40回以上も眼が開発されたと推定されている。このため、複眼、単眼、ピンホール眼、カメラ眼など、さまざまに異なった設計が見られる。

オーストラリアにいる毒のあるクラゲの1種（オーストラリアウンバチクラゲ）は、レンズを備えた眼を8つ持っている。このほかに影を見るのだろうスリット型の目を8つ、レンズがなくて赤外線を見る眼を8つ備えている。しかし脳はなくて、あちこちにある眼は散在した神経回路に直接つながる。脳はないものの、口のまわりには神経が環になって集まっている。これを指して原始的な中枢なのだという人もいる。

3種類の眼を20個以上も持っているこのクラゲはまるで怪物のようだが、これはこのクラゲが独自に発達させた眼なのだ。クラゲは、進化の過程で脳を開発しなかったにもかかわらず、レンズを開発したのだった。

このクラゲはたくさんの眼で、どのように世界を見ているのだろうか。おそらく個々の眼がとらえた光や影や赤外線、さらにはその濃淡というものが、散在している神経系の中で連絡を取り合っていることだろう。口のまわりの環状の神経集団では、情報が総合されているかもしれない。そして匂いなどの感覚情報とも相まって、そこに映るものが獲物の魚であるかどうか、そしてそれがどちらの方向にいるかといったことが認識できるのではないだろうか。

9 生物は体内の時計で時間を測る

さて空間の認識のほうが3次元の遠距離感覚まで発達していったのに並行するかのように、生物の時間に対する認識も、身の回りのごく一瞬の時間という範囲を離れて、徐々に遠くの時間までも見通せるようになっていった。未来に対処するためには、過去に連綿と続いてきた自然界のリズムを把握しておかなければならない。

ゴカイの一種イトメは、日本列島の淡水と海水が混じる川口のあたりで、砂泥の中に暮らしている。旧暦の10月と11月、新月と満月に続く3日間になると、イトメのオスは精子を放出し、メスは卵を放出する。その時刻も日没後、満潮を過ぎた頃にぴったり合っている。おびただしい数のイトメがいっせいに海面に泳ぎ出てきて、潮が徐々に引いていく流れに乗る。そして海の方に流されながら、身体の後ろ端から煙を吐くように精子や卵を放出する。こうすることによって、いっせいに受精をすることができるだけではない。この時刻に受精したおかげで、潮が引くにつれて受精卵は川口から遥か沖合の方まで運ばれることができる。

サンゴもまた、月の満ち欠けに合わせて産卵する。同じ海域に生息する同じ種類のサンゴは、大潮の日を選んで、ほぼ同じ時刻に放精・放卵する。潮のざわめきの中で大量の精子と卵が、あたり一面を覆い尽くす濃い霧のように水中を漂い、出会って受精する。放精・放卵は、沖縄では5月から9月にかけての満月の後、オーストラリアのグレートバリアリーフでは、10月末から11月にかけての満月の後に起こる。

どうしたら、このように多数の個体でいっせいに生殖活動を同調させることができるのだろうか。

自然界には太陽や地球がつくり出すリズムがある。一日のうちに陽は昇り陽は沈み、潮が満ち潮が引く。月が地球を回る周期によって月単位で干満の大きな差が生じる。また地球が太陽を公転する周期によって、年単位で季節が生じる。生物たちは、こうした自然のリズムに適合するために、自分の中にリズムを刻む「生物時計」というシステムを持つこととなった。

サンゴ (Wikimedia commons)

生物時計は、ゾウリムシにさえもある。夜は沈み、昼は浮かぶというゾウリムシのサイクルを思い出そう。また、すべての植物の細胞にも時計がある。植物はすべての細胞で、夜の長さを測っていたことを思い出そう。動物にも、カビ・キノコにも、核のあるすべての細胞に時計が備わっていることが分かってきた。サンゴやゴカイが見せる生殖時期のみごとな一致もまた、生物時計によってもたらされているのだ。

細菌のレベルでも、すでに生物時計を発達させたものがいた。光合成する細菌は、光を求めて日中は水面近くにふわりと浮上し、夜間は水中に沈む。水に浮くため膜に包まれた袋の中に、ガスを発生する小さな粒が入っている。水面近くで光合成して糖分を蓄積すると、袋が破れてゆらゆらと水の中に沈んでいく。夜は水底に沈んでいる無機栄養分を吸収する。夜のうちに細胞分裂して糖分を使うと、再び袋にガスが発生してふわりと浮上する。

このような1日のリズムを持つ光合成細菌は、生物時計を持っている。その時計の仕組みは、3種類の特別なタンパク質の相互作用によるものだ。1つのタンパク質が振動の本体で、それにリン酸が定期的に結合したり、分離したりする。他の2つのタンパク質は、リン酸が結合するのを助けたり、抑制したりする。この結合と分離が一定間隔を置いて振り子のように繰り返すので、これが時計のリズムとなっている。

動物では、ショウジョウバエの生物時計が詳しく調べられている。「脳葉」という脳の部分で、ある遺伝子が翻訳されて特定のタンパク質が製造されることが時計の本体だ。タンパク質が貯まって濃度が上がると、そのタンパク質は製造されなくなる。ところがこのタンパク質は一定の時間が過ぎると分解し消えてしまう性質を持っている。すると濃度が下がって再びタンパク質が製造されるようになる。一定の間隔を置いてタンパク質がつくられたり消えたりするこの繰り返しが、時計のリズムになっている。

ミミズは、昼の間は巣穴にいて、夜になると地表に這い出してくる。これも1日のリズムを持った活動だ。また、ある研究者が調べたところによると、ミミズは月の周期に合致した活動もするという。月に2度、特に6月から8月にかけての上弦の月と下弦の月の夜に、無数のミミズがいっせいに巣穴から出てきて、かなり遠くまで這い回る。そして他の個体と出会って、生殖をする。ふだんは地中で生活しているミミズも、生殖活動のために月のリズムを利用しているのに違いない。

10　センチュウにも個体の記憶ができる

左右対称となった動物が脳を持ち、空間の内的地図ができたのとおそらくは同じ頃、その脳の中で生物時計や本能よりも一段と進んだ時間認識が登場してきたものと考えられる。それは、個体が生まれた後の経験から獲得した「記憶」である。

センチュウの一種「C・エレガンス」は、全身の細胞がたった959個しかなくて、神経細胞も302個、神経細胞の結合部は800か所しかない。しかしすでに、受容器から神経伝達物質に至るまで、多くのものが哺乳類の神経系と同等のものとなっている。

脳とまではいえないほどのたった302個の神経細胞集団でも、個体の記憶をつくることができる。センチュウを入れたシャーレを叩くと後退する。繰り返し叩く刺激を与え続けると、20秒後には反応が弱まって刺激に対する慣れが生じる。これも一種の記憶である。そしてセンチュウは、自分が育った環境の温度も記憶していて、その温度帯の環境を選んで移動しようとする。

センチュウは、植物の根を食べる。植物のほうは毒物を分泌して、センチュウを撃退しようとする。たとえばニンニクは、根からニンニクエキスを分泌する。センチュウはニンニクエキスを避け、それを記憶する。

ニンニクエキスがあった場所の記憶は、7時間の間持続する。センチュウはその間、ニンニクエキスを出す根には再び接近しない。それによって無駄な努力をしなくて済むのであり、7時間後には、遠く離れた別の植物の根に到達しているのだ。

ある時間だけ継続して、消えてしまう記憶のことを「短期記憶」という。ここでは、おおむね1日未満としておこう。センチュウの記憶は、短期記憶の初歩的なものといえるだろう。一方、長い期間、場合によっては生涯にわたって保持される記憶のことを「長期記憶」という。

センチュウの神経細胞は容量が小さいので、記憶を一定期間保持した後は、消去してしまわなければならない。小さな動物の微小な中枢では、短期記憶が精一杯だ。

しかし、1つひとつの細胞がわずかな時間でも記憶できる能力を本来的に持っているのでなければ、突如としてここで短期記憶が登場することもないだろう。思い出していただきたいのは、大腸菌も、ごくわずかな間だけ栄養分子の濃度を覚えられたことだ。「覚えている」ということなしには、個々の細胞も十分に機能を発揮できない。1つの細胞に本来備わっている性質が、多細胞になって専門分化することにより、特殊な能力として発達したといえるだろう。

ミミズにも記憶があった。T字路の突き当りで立ち止まったミミズは、どちらに曲がるべきかについて記憶を蘇らせる。ミミズの感覚は、自分のまわりにあるT字路の材質を感じ取っているし、その場が明るいか暗いかも分かっている。しかし感覚情報として利用できるのは、そこまでだ。ミミズがT字路で右に曲がって進むことを選択して、砂糖水にありつくためには、何度も経験して脳の中に刻み込まれた記憶を参照しなければならないのである。

第6章 昆虫に世界はどう見えるか

せせらぎがざわざわと涼しそうな音を立てるその頭上では、夏の日を謳歌するセミたちのけたたましい声が鳴り響いていた。

蚊が血を吸うために腕に止まり、叩こうとしたら察知して俊敏に逃げた。小さなハチが、花芯の上をホバリングしながらふわりと着地し、細長い腹部を波打たせながら花蜜を吸った。小さな赤いクモがノートの白いページの上に落ちて、あわてた様子でとんでもない速さを生み出し、駆けて逃げた。

節足動物は、動物界150万種のうちの4分の3を占め、最も繁栄している動物門だ。しかしこれらの祖先は、5億年以上前に1度だけこの世に現れて脱皮をした、たった1つの動物だったというのだから、驚かされるではないか。

大きな複眼を持ちハネを備えて空中を飛び回る昆虫たちは、ミミズのような2次元の空間とは違って、色とりどりの花が咲き乱れる3次元の空間の中で生きている。複眼によってものが立体的に見えるだけでなく、頭からつんと突き出した2本の触角がアンテナとなって、外界の匂い、音、温度、そして風や水分まで見ている。3次元に対する感覚は私たちと同等か、外界の信号によっては私たち以上に敏感だ。私たちは空中を飛行できないが、昆虫にはそれができて、3次元の空間は彼らのものなのである。

1　ハチやアリはどうやって巣に戻るのだろうか

ハチやアリといった大家族の社会を形成する昆虫は、食料を探してから自分の巣まで戻ってくる。ミミズの場合は、自分の巣穴から地表にさまよい出て、遠くにまで這い回ってしまうと、もうきちんと巣に戻る行動はできなくなる。ミミズは再び適当な場所を見つけて巣穴を掘ればよい。

これに対してハチやアリにとって自分の巣は重要であり、そこに戻ってくることができなければ、そもそも社会というものが成立しない。この帰巣行動というものを、ハチやアリはほとんど無意識のうちに行うすべを身につけている。

ミツバチは巣から飛び立って花々が咲き乱れる野原を飛行する。白い花の群落に飛行し、次には黄色い花の群落を飛行する。このように、さまざまな花を訪れてジグザグに蛇行した軌跡を描く。3次元の空間を飛行するので、左右だけでなく、前後に動いたりもするし、上下に飛んだりもする。

しかし花蜜が胃のそばにある袋（蜜胃）に貯まって、巣に戻ろうという段階になると、やってきた道を引き返すのではない。巣に向かって一直線に飛んで、最短距離で戻ってくるのだ。このような行動ができるためには、ハチには、どこにいても巣の位置が分かっていなければならない。

アリも同様の能力を持っている。食料を求めて右へ行ったり左へ行ったり、あちこち歩き回って探索する。しかし巣に戻るときは、一直線に巣に向かって歩いてくることができる。

私たちヒトは、あちこちとぐるぐる歩き回った後で、一直線に戻ってくるといったことは得意でない。自動車の運転には通信衛星から位置情報を送ってくるナビゲーションがあるし、街を歩くときでも携帯電話のナビゲーションを利用する人は多い。

昆虫たちは、小さな頭脳しか持たないのに、いったいどうやってこのようなみごとな帰巣行動ができるのだろうか。

2　方向と距離を測定して経路を積算する

実は帰巣行動のできる昆虫は、巣に帰るためのナビゲーション・システムを持っている。自分の元いた位置を出発点としてあちこちに動き回り、現在の位置からも元の出発点が分かるようになっている。そのためには、動きだしてからどちらの方向へどれだけの距離を移動したかが分からなければならない。

つまり身体の方向を転換するたびに、そこから方向と距離を測っておかなければならない。そしてそれを積算することによって、出発点の位置が分かるのだ。動物がこのようにして出発点の位置を割り出す方法を「経路積算」という。

それでは経路積算の基礎となる「進んだ方向」と「進んだ距離」については、どうやって測定するのだろうか。

進む方向とは身体の向いている方角である。それを知るためには、東西南北を指し示すコンパス（羅針盤）が必要だ。外界のどんな信号をコンパスとして使っているかは、昆虫の種によって実にさまざまに異なっていることが分かってきた。

多くのアリや帰巣性のあるカメムシは、太陽の位置をコンパスとして用いている。ミツバチやサバクアリになるとやり方が進歩して、太陽の位置だけでなくて、投射されてくる光線の振動の偏り（偏光）を用いる。この偏光については、少し後で詳しく見ることにしよう。さらにミツバチは、地磁気もコンパスとして利用する。

夜行性のアリは月の位置をコンパスにするし、タマオシコガネの一種では月光の偏光を用いる。このほか、地域によっては風の向きや林の梢を信号とする昆虫もいる。

他方、自分が進んだ距離をどうやって測定するのかということについては、比較的限られた昆虫でしか分かっていない。ミツバチは、眼に映る映像がどのように流れていったかというその速さを測定し、距離を計算していることが分かった。映像の流れるスピードから距離を把握していたのだ。

もう一種、距離の測定方法が分かっているのは、砂漠の中を行進するサバクアリだ。サバクアリは、歩いた歩数を数えて距離を測定していた。各自が自動的な歩数計を備えていたのだ。

このようにして方向と距離が測定されると、経路積算ができるようになる。外界信号をとらえる感覚器の部位、それを処理する脳の部位といったことについてだんだんと明らかになってきているものの、経路積算が行われるための肝心なことは実はまだあまり分かっていない。たとえば太陽は刻々と位置を変えるので、方向の情報をどうやって刻々と調整しているのかといったことや、方向と距離をどうやって総合して出発点を割り出すのかといったことは、まだ研究途上なのだ。

一方、昆虫が利用しているナビゲーション・システムは、経路積算ばかりではないことも分かっている。経路積算とその他のシステムを併用していて、場合によって使い分ける。

たとえばアリは、自分の歩く道の上に、道しるべになる液体を残していくことができる。ヘンゼルとグレーテルが森の小道にパンのかけらを落としていったような方法だ。小さな1匹のアリでも、10メートルもの線を描くことができる。アリが付けた道しるべの匂いを頼りに、仲間のアリはその道を辿って目的地に辿り着くことができる。

またミツバチは、野原に立つ樹などのように目立つものを視覚的な目印として、内的な地図を描くことができる。3次元空間をしっかりと記憶することができるのだ。この能力のおかげで、巣に戻るだけでなく、自分の動き回った空間のどの地点からどの地点に対してでも、最短距離で行くことができる。

視覚的な内的地図をつくる能力なら、私たちも持っている。しかしミツバチは、経路積算という私たちにはない能力も持っている。視覚的な地図と経路積算が合体することによって、ミツバチは最強のナビゲーション・システムを内蔵していることになるのだ。

3　ミツバチには紫外線が見えるが、赤色は見えない

ぶんぶんと羽音を立てて飛び回るミツバチの高度な能力が分かってきたところで、どのように世界が見えるのか、その感覚について見てみよう。

まずミツバチの形態を見るときに一番最初に目を引くのは、こんもりと盛り上がった巨大な複眼だ。まるで頭部が丸ごと眼になったかのようだ。複眼は個眼が約６０００個も集まったものであり、それぞれの個眼にレンズと網膜があって、狭い範囲での像を結ぶ。ミツバチの視覚では、それが1つひとつの画素となり、集合して点描画のような映像となっている。もっとも点描画といっても、映像は脳の中で統合されるので、それぞれの点々に境界線が見えるわけではないだろう。

ミツバチには、私たちには見えない紫外線が見える。花は花弁の中央部のオシベ・メシベが密集したあたりから、紫外線を反射している。ヒトには雪のように白一色にしか見えない花も、昆虫には紫外線の色と白色の2色に見えている。昆虫は、花の反射する紫外線を見ることによって、蜜のありかを知ることができる。

一方でミツバチは、赤色を認識できない。赤い花は、ミツバチにとっては緑の葉に溶け込んでいるように見えてしまい、花と葉を区別できない。ツバキなど鳥に花粉を媒介されている花が赤い色をしているのは、鳥にアピールしていると同時に、昆虫に蜜を盗まれないようにしているのだ。

網膜の色覚細胞で特に敏感に反応する波長を見ると、ミツバチに見える電磁波の範囲は、ヒトよりも短い波長の方にずれている。ヒトの網膜の受容器は植物の章でも見たように、青色・緑色・赤色の3原色だ。それは光を受容するタンパク質がどの波長の光を最もよく吸収するかによって分かる。これに対してミツバチの色覚は、紫外線・青色・緑色の3原色なのだ。このためミツバチにとって、黄色・オレンジ色・赤色はみんな黄緑色っぽく見えて、区別することができない。

ミツバチが見ている視界には、全体としてはすみれ色・青色・緑色など、どちらかといえば寒色系の色彩が広がっている。しかしそこにある紫外線の色だけは、私たちには想像することができないものだ。

ミツバチ（Wikimedia commons）

昆虫にも例外的に赤色を識別できるものがいる。アゲハチョウだ。アゲハチョウは、ゆっくりひらひらと舞いながらも、飛翔速度の速いハチよりも有利に赤色の花を訪れることができてしまう。

ミツバチなど多くの昆虫の色覚が3原色であるのに対して、アゲハチョウでは5原色となっている。紫外線・紫色・青色・緑色・赤色の5つだ。動物界を見渡すと、シャコの一種には、なんと16種類もの色覚を持つものがいる。これだけ精度のよい眼を持っているので、シャコは獲物の魚たちがどんなに一生懸命に擬態しても、見破ることができる。

また、ミツバチの視力は0・1未満で、ヒトと比べて著しく低い。

1メートル先になると、ヒトの姿もぼんやりとしか見えない。近づいてくると、急にはっきりと見えるようになる。しかし身体が小さいので、ヒトの身体を同じサイズに縮めた場合には、同じ程度の見え方になるのだという。ミツバチにとっては0・1の視力で十分なのだ。

一方、くるくる回転する曲芸飛行をするためには、地平線のような遥か彼方が正確に見えなければならない。そこで複眼とは別に、単眼が発達した。単眼は3つが三角形に並んでおり、明暗に対して敏感だ。暗い地面と明るい空とのコントラストや角度が分かり、単眼は飛行に当たって地平線と身体との関係を常にモニターしている。

4　触角に何千個もの感覚器

昆虫は匂いに対しても敏感だ。ほのかに甘い花の香りだけでなくて、私たちには感知することのできないさまざまな植物の匂いや、仲間の発するフェロモンの匂いを手がかりに、外界を感知している。昆虫の嗅覚にとって最も重要な感覚器は、触角だ。どの昆虫も頭からつんと突き出したアンテナのような2本の触角を持っている。この触角には、驚くべきことに、びっしりと実に何千個もの感覚器が並んでいる。ミツバチは、触角で空中に漂っている花の芳香の分子を感じ取り、その空中通路に導かれて飛行する。そして触角でぴたぴたと花の蜜に触れて味を感じ取る。

昆虫の触角には、匂いと味の受容器だけでなく、音の受容器、接触の受容器、温度の受容器などがぎっしりと並んでいる。昆虫は身体が小さいので、乾燥するとすぐに危機に陥るおそれがあり、湿度に対しても敏感でなければならない。このため触角には、湿度専門の受容器まで備えている。

ヒトには触角のように多種類の感覚器をぎっしりと連ねた突起がないので、触角の感覚とはどんなものかが想像しにくい。しかし例えていえば、掌の先で匂いや味や音まで敏感に感知することができるといったことになるだろう。もっとも掌に舌がついていたら、握手するたびに相手を舐めて、キスするようなものなのだが。

さて、聴覚器を見てみよう。脳の両脇にある私たちの耳と違って、昆虫の耳は身体のあちこちにある。ミツバチは耳を触角に集中させているものの、チョウやガの耳はハネの付け根にある。コオロギの耳は前脚の上にあって、左右に離れた1対の鼓膜で音の強さや到達時間を測り、音源の方向が分かる。バッタやセミの耳は身体の腹面に付いていて、捕食者の足音を探知できる。

さらにゴキブリは、尾の先端に特殊な感覚器を持っていて、空気の流れをきわめて敏感に感じ取る。つやつやと黒光りするおぞましいゴキブリを叩くためには、後ろから近づいてはだめで、頭の方からそっと近づくほうが得策だ。

5 ミツバチは偏光の太陽コンパスを使う

光、音、匂いといった信号に対するミツバチの感覚を見てきたが、さらにミツバチは、私たちの感知することができない信号を受信することができる。

ミツバチがナビゲーション・システムに使っている「偏光」という信号は、どのようなものなのだろう。

偏光とは、一口でいうと「振動の方向が揃った光」のことだ。光は進行方向に対して直角の方向に振動している。太陽から出た自然光は、あらゆる方向にランダムに振動する光が混合したものだ。ところが地球の大気を通過するときに、光は大気中の分子にぶつかって散乱する。このとき散乱した光は、部分的に振動面が揃うようになる。この振動面が揃った光のことを、偏光という。

ミツバチの複眼
（Wikimedia commons）

昆虫には、偏光によって空に模様が描かれているのが分かる。澄み切った青空には、自分と太陽を結ぶ線に対して直角な方向の偏光が多く含まれていて、天空にパターンができている。空の偏光パターンは、太陽の通り道を中央の線として、左右に同心円状の模様を描き出す。この模様が見えれば、太陽が雲に隠れているときでも、太陽がどの方向にあるか知ることができるのだ。

ミツバチの複眼を構成する視細胞には、偏光フィルターがある。太陽の高さが変化するにつれて、偏光フィルターからの入力パターンが変化する。このフィルターは、特に複眼の天空を向いた上部の側に密集しており、そのあたりで偏光を感知しているものと考えられている。

水平な地面に着地しながら身体をぐるりと回らせ、同心円状の模様を描く空が最も明るく見えるところで停止すると、身体が太陽子午線の方向を向くようになっている。

夜に活動する昆虫が外灯の光に集まるのも、光との関係によるものだ。夜の昆虫は、月や星から送られる平行な光線を複眼でとらえて活動している。ところが外灯などの点光源は、平行な光線ではないので、昆虫の身体の向きが変わると、両眼に入る光の量が異なってしまう。それを正そうとすると、光源を中心にらせん状に飛ぶことになる。それを繰り返しているうちに、昆虫は光源にぶつかってしまうのだ。

6　カリバチの本能には内的イメージが伴う

昆虫では3次元の立体空間を把握するためのさまざまな感覚が発達したことを見てきたが、その空間認識に基づいて、昆虫が行う活動はほとんどが「本能」によるものだ。

魚や鳥などの脊椎動物と違って、ほとんどの昆虫は親に育てられるわけではない。卵から孵った幼虫は、生まれてから活動すべきことを学習する機会はない。しかも多くの昆虫は、幼虫が成虫になるときに、全く異なる形態になってしまう。このため生まれつきすでに備わっているプログラムに従って、種としての生態に見合った行動をしなければならない。これが、本能である。

それでは、動物が生まれながらにして持っている本能というのは、どんなものなのだろう。動物の進化の過程で、それはどうやって発達してきたのだろうか。

ファーブルは、ジガバチがイモムシを狩って麻酔の毒針を突き立てる本能的行動を見たとき、感銘を受けて涙を流した。そして次のように描写している。

「蜂はこの怪物の背にまたがって胴を曲げ、あたかも被術者の内部組織をすっかり心得きった外科医のように悠々せまらず、順に犠牲者のすべての体節、初めから終りまでその腹面にメスを刺し込む。どの体節も剣を刺さないで残すことはない。肢があろうがなかろうが、みんな同じに、しかも頭から尻へ順を追って刺されるのだ。」

「彼はいけにえの複雑な神経組織を心得ていて、芋虫の体節ごとに繰り返される神経節のためには同じく繰り返した剣の刺し傷で応じている。」(『ファーブル昆虫記1』ジャン・アンリ・ファーブル／山田吉彦・林達夫訳、岩波書店)

本能的な行動は、単なる反射とは異なる。私たちのヒザで起こる膝蓋反射は、細胞から細胞へと単線的に情報伝達される体液共有と同様のレベルの現象だった。これに対して、ジガバチはイモムシを見て、その体節の1つひとつの位置を確認し、その神経節に寸分たがわず針を突き刺すのだから、視覚や触覚をはじめとする感覚情報が総合されている。イモムシについてのある種の内的なイメージを持っていなければならない。ここでは脳が介在していなければならないはずだ。

複雑な本能的行動は、イメージがまずあって、それに対して衝動が湧いてくる。そして行動することでその衝動が満たされると、一定の快感を味わうようになるものと考えられる。私たちの脳の中で出ている快・不快を伝える化学分子に似た分子が、昆虫の脳の中でも分泌されていることが分かっている。

本能的行動は、一連のプログラムのように組まれていて、1つのステージが終わると次のステージに移行する連鎖反応のようなものだ。それは、ある種の時間認識だといえる。

カリバチの一種・細くくびれた腰をしたトックリバチが、壺のようなみごとな巣を造営するのを見てみよう。トックリバチは、緩やかな曲線を描くとっくり型の巣をつくってその中に産卵し、次にアオムシを探す。壺をつくっている最中に少し壊れたり、穴が空いたりすると、直ちに修理する。しかし、いったん壺ができてしまうと、その後はもう修理をしない。

壺状の巣の底の方に、人為的に穴を空けてやると、運んできたアオムシは外へ落ちてしまう。するとトックリバチは、再び狩りに出かけて、新しいアオムシを持ってくる。しかし、それも穴から落ちてしまう。するとハチは、またアオムシを探しに行って、何度でも狩りに出かけるのだ。

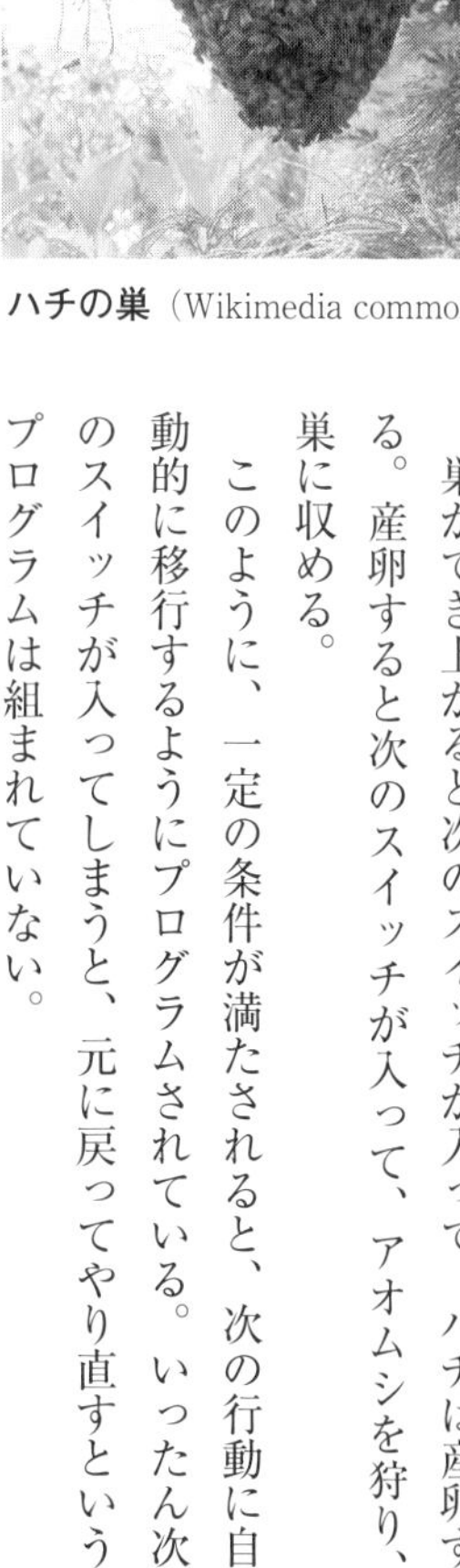
ハチの巣（Wikimedia commons）

ハチは、巣に穴が空いているのを見た。穴からアオムシが落ちたことも見た。巣に空いた穴を修復しようと思えば、そのための技術を持っている。それなのに巣を修復しようとは考えない。原因と結果を思考する能力がないのだ。これが、本能というものだ。
巣ができ上がると次のスイッチが入って、ハチは産卵する。産卵すると次のスイッチが入って、アオムシを狩り、巣に収める。
このように、一定の条件が満たされると、次の行動に自動的に移行するようにプログラムされている。いったん次のスイッチが入ってしまうと、元に戻ってやり直すというプログラムは組まれていない。

それでは昆虫は、プログラムされた機械のようなものかというと、そうでもない。本能的な行動は、画一的なものではなくて、環境に応じある程度の柔軟性を持っている。たとえば、カリバチが巣材を集めてくるときのことを考えてみよう。本能は、カリバチを「巣材を集めてこなければならない」という衝動に駆り立てる。しかしそのとき、周辺に巣材が見当たらなかったとしたら、どうするだろうか。カリバチは、巣材を集める前に、周辺の環境を延々と偵察し続けなければならない。巣材にしても、環境に応じて集めてくる材料が異ならざるをえない。

つまり本能は、プログラムされた手順に従って「巣材を集めろ」とか、「アオムシを狩れ」と命じるだけなのであって、実際には、カリバチは現実の世界に応じて、千差万別に対処しなければならない。回路はスイッチであり衝動だとしても、現実には眼に映った外界がある。外界の状況は、カリバチのいる時間と場所によって、異なったものだ。

クモが巣を張るとき、通常は樹の枝に4つの支点で支えられた巣をつくる。しかし周囲の枝の状況によっては、3つの支点で巣をつくることもある。現実の外界に応じて、ある程度臨機応変に対処できるのだ。

本能はあくまでも衝動なのであって、それに従って行動するときには、外界の状況に応じた主体的な判断を加えることも必要になってくるのである。

7　オドリバエの婚姻贈呈は、交尾のスイッチを押す

スマートな身体つきをしていて、昆虫を捕食するオドリバエ類の中に、「婚姻贈呈」という習性を持った種がいる。オドリバエのオスは、食料となる小さな昆虫を捕えると、それを運んできてメスに差し出す。この行動が婚姻贈呈だ。するとメスは昆虫に気を取られてじっと交尾の態勢になるので、オスが素早く後ろに回って生殖器を差し込む。

オドリバエの一種
(Wikimedia commons)

オスには、獲物を捕えてメスに差し出す行動が、本能として刻印されている。メスには、オスが差し出したエサを見て交尾の態勢となる行動が、本能として刻印されている。

さてオドリバエ類にはいくつもの種類があって、種が進化するにつれて、贈呈の仕方が変化した。最も初期に登場した種が贈呈するのは、裸の小昆虫だった。しかし進化した別の種では、オスが小昆虫を糸でぐるぐる巻きにして、それを差し出す。プレゼントを包装しようというのだ。しかしさらに進化した種を見ると、糸をぐるぐる巻きにしただけで、中には何もない。袋だけなのだ。それでもメスは交尾の態勢となる。

ここでメスが騙されていると感じるとしたら、それは私たちがヒトの

道徳基準に縛り付けられているせいだ。メスはそれで満足なのだ。それがその種の本能的行動を誘発する刺激なのだ。成熟したオスとメス同士の間で、交尾のスイッチが入るようにしておけばよい。婚姻贈呈の行動は、スイッチを入れる象徴であって、種が進化していった際にスイッチとして保存されたものと考えられる。

本能的行動は、1つのステージが終了すると次のステージに移るようになっているが、次のステージを開始するために特定の刺激が決められているわけだ。

8　本能はどうやって発達したのだろうか

さてそれでは、本能というものは、身体のどこにあってどのように発達してきたのだろうか。

よく知られているように、カマキリのオスはメスに頭部を食べられてしまっても、残りの残骸だけで一生懸命に交尾を続ける。ファーブルは、次のように描写している。

「生を与えるその機能のために迎えられている雄は、雌をしっかり抱きしめている。しかしこの不幸な雄には頭がない。頸もなく、胴もほとんどないといってよい。相手は口を肩の方にふり向けて、そのやさしい恋人の遺骸をきわめておだやかに齧りつづけている。しかもこの雄のからだの残りの切れ端はしっかりと雌のからだにかじりついていて、雄としての仕事を続けているのである。」(『ファーブル昆虫記5』ジャン・アンリ・ファーブル／山田吉彦・林達夫訳、岩波書店)

またコオロギは、頭部を切り落とされても、1日の間は飛ぶことも鳴くこともできる。鳴くことができるのは頭部ではなくて、肢の付け根にあるハネをこすり合わせて音を出しているからだ。

昆虫の中枢神経は、身体のあちこちに分散している。身体が頭部・胸部・腹部と分かれていて、脳以外のそれぞれの部分にもたくさんの神経節がある。昆虫は、頭部で感覚したり摂食したりする。胸部で運動したり飛行したりする。腹部で消化したり交尾・産卵したりする。それぞれの体節に神経節があって、これらの活動を司っている。つまり、それぞれの活動をするための本能は、それぞれの神経節に分散しているといえるだろう。

分散して働いている神経節は、その中から選りすぐりの情報だけを脳に送り出す。脳は小さいので、すべての情報を処理するわけにはいかないのだ。

それでは、本能についての脳の役割は何なのだろうか。

コオロギは、頭を切り落とされても生きているものの、感覚を総合してものを判断することはできなくなる。たとえばコオロギのメスは、オスと交尾すると生殖器の中に精子の入った袋を収める。しかしもっと好みのオスが現れると、その袋を出して食べてしまう。そして好みのオスと改めて交尾するのだ。ところが頭部がなくなると、好みのオスを新たに見つけるようなことはできない。

このような事実を見ると、本能的行動を構成しているのは脳によるところも大きいが、一方で脳ばかりでもないということが分かる。身体のあちこちの仕組みが、総合的に一体となっていて本能的行動が登場する。おそらくは、身体の形態がだんだんとできてくるにつれて、その運動する仕方もだんだんとできてくるのであって、形態と行動は一体のものなのだろう。

動物界では神経系という伝達の専門家が登場することによって、植物など他の生物に比べて神経間による情報共有の速度が格段に上がった。演算がきわめて迅速になっただけでなく、神経系が網目状につながって信号を縦横に伝達し合うことによって、直線だけでない2次元、3次元の空間についての演算ができるようになった。

そして身体の構造と神経系が一体となって、身体の中に特定の行動の仕方を埋め込んだ。これが本能的行動なのだろうと考えられる。

ある外的刺激があれば、決められた行動をするという本能は、すでにミミズの段階にもあった。土に接触すれば穴を掘る。口に土塊が入れば呑み込む。これに対して昆虫の本能的行動は、ジガバチがイモムシに注射したり、トックリバチが壺型の巣をつくったりするように、きわめて複雑なものだ。視覚や触覚や嗅覚といったすべての感覚が総合されており、脳を経由しなければできない行動が多い。外界信号を感知することとそれに対して反応することが、動物の進化に伴って集積され、だんだん複雑になって、昆虫のような行動が形成されていったものと考えられる。

生物時計は1つの時間認識をもたらしたが、本能は、一段進んだ時間認識のあり方だといえるだろう。

本能の仕組みを解明していくのは、まだまだこの先難しい長い道のりであることだろう。それはおそらくDNAやタンパク質といった化学分子のドミノ倒しを追うだけでなく、生きた細胞同士の相互作用が、どのように組み上がって固定されてきたのかということを検証していかなければならないことだろう。それは前人未到の領域だが、そこからやがて生物学に新しい知の大陸が浮かび上がってくるのではないかと、私は期待している。

9　ミツバチのダンスが伝えるのは、方向と距離の地図

生まれながらにして持っている本能とは別に、時間認識がもう一段発達したところで、経験したことについての「記憶」の能力が登場する。

ミツバチが私たちを驚嘆させるのは、その記憶と伝達の能力のためだ。彼らにとって重要なのは、花がたくさん咲いていて、蜜をたくさん採集できる餌場である。ミツバチは蜜を集めてくるとその餌場を記憶していて、身体を震わせながら仲間のミツバチに伝達することができる。

ミツバチは、食物が85メートル程度の範囲内にあるときは、ぐるぐると円状に回るダンスをする。食物が100メートルを超えるところにあるときは、ぶんぶんと8の字状に尻振りダンスをする。ダンスによって、方角と距離を正確に伝えることができるのだ。

食物のある方角は、8の字状に進みながら、体軸で太陽との位置関係を示す。蜜源までの距離は、ぶーんという音の長さで表す。ニホンミツバチでは、1秒発音すると約700メートルを表す。そしてダンスの激しさは、見つけた食物の好ましさを示している。

食料の探索に出かけて戻ってきたミツバチは、自分が見つけた花の場所をちゃんと記憶している。しかも、その記憶を表象化して、他の個体にしっかりと伝達する。「表象化」というのは、外界の情

報を抽象的な象徴にして表現することだ。ヒトの言語にも似た能力ではないか。

ミツバチの行動の多くは、生まれつきの本能に支配されていることだろう。探索すること、蜜を携えて巣に戻ること、8の字ダンスを踊ることなどの行動は、誰に教わったのでもない。大部分が本能によるものと考えられる。しかし、肝心の餌場のありかは、そのときの外界の状況によって異なっている。ミツバチは、外界を知覚して、それを仲間に伝達しなければならない。このとき、記憶という能力の出番となる。

巣に戻ったミツバチから餌場の情報を得たミツバチの群れは、こちらのほうもその情報をきちんと記憶する。そして、わんわんと音を発しながら大挙して餌場に向かい、花蜜にありつくのだ。

探索してきたミツバチも、情報をもらったミツバチも、それぞれ頭の中に内的地図を描くものと考えられる。内的地図には、シンプルな線で「方向と距離」が描かれていれば十分だ。そしてこれは本能によるものではなくて、経験によって空間の位置関係を記憶したものなのだ。

記憶の内的地図には、現実に生じている外界の状況に応じて、1件1件異なった情報を記録することができる。生まれ持った本能に基づく行動と違って、多様な活動が可能となり、個体としての選択の自由度が増す。このあたりで、私たちと同じような主体性を持った「意識」が発生してくるといってもよいかもしれない。

さてここで、「意識」という言葉が登場してきた。意識とは何だろうか。

現在の最先端の生物学で語られている意識には、何かに注意をすること、睡眠を取ること、何かを判断することといった特徴があるものとされている。

たとえば私たちヒトの属する脊索動物のグループで、どのあたりから意識が発生してきたのかという問題に対して、トッド・E・ファインバーグとジョン・M・マラットは、円口類のヤツメウナギあたりからではないかという。ヤツメウナギよりも原始的なナメクジウオは、脳がまだ小さくて、感覚の種類も少なく、また感覚器から脳に至る連絡の仕方も単純だ。これに対してヤツメウナギになると、視覚・嗅覚・味覚・触覚・聴覚・平衡感覚があり、脳やその連絡もかなりの程度専門分化している。そして、意識の存在の判定に当たっては、「遠距離感覚」があることが重視されている。ヤツメウナギの多様な感覚器の中には、ナメクジウオなどと違って、レンズがあって映像を結ぶ眼も備わっている。

それでは脊椎動物以外ではどうなのだろうか。ファインバーグらは、ヤツメウナギと同様の遠距離感覚の存在や脳への連絡方法などから、タコや昆虫には意識といえるだけのものがあるという。そしてカンブリア紀に登場した三葉虫も意識を持っていただろうとしている。

ヤツメウナギ、タコ、昆虫、三葉虫。こう並べてみると、いずれも映像のできる眼を持っていて、3次元空間を把握することのできたものたちだ。

そこで私は、視覚による空間認識という1つの指標だけに着目して、まことに大ざっぱではあるが見分けるための目印として、眼を持って3次元空間を見ることのできる動物ならば、「意識」を持っているといってもよいのではないかと考える。視覚がそこまで発達している動物なら、他の感覚もかなりの程度発達し、全体として遠距離感覚を把握するまでになっているだろうと考えられるからだ。

それではミツバチは、本能的行動とは別に、なぜ経験に基づく記憶を形成することができるのだろう。ほとんどの行動は本能によるものの、おそらく脳の本能の回路のところで、一角だけが空けてあって、そこに経験したことの記憶を埋め込む回路があるのだろう。昆虫にとって記憶を埋め込むその場所は、脳にある大きな「キノコ体」という部分だろうと考えられている。

ミツバチだけでなく、脳の使う部分は異なるとしても、およそ動物が学習や記憶をするということは、そのようなものだと考えられる。ヒトでも無意識的な運動の大半は、本能によるものだろう。生まれたばかりの赤ん坊は、誰に教わらなくても、匂いに引き付けられて乳首に吸い付く。そして本能の一角に経験した情報をはめ込む部分があって、そこに情報がはめ込まれることにより、記憶になるものと考えられる。

10　記憶はどうやってできるのだろう

さてこの記憶というものは、脳の神経細胞のどういった仕組みによってできてくるのだろうか。動物の脳の神経細胞がどうやって記憶をつくっていくかは、軟体動物のアメフラシによって解明が進められた。アメフラシは、尻尾を刺激するとエラを引っ込める。尻尾を1回だけ刺激すると、その記憶は数分間だけ続いていた。そして4、5回続けて刺激すると、1日以上続く長期記憶ができた。

研究の結果、短期記憶ができるときは、神経細胞の結合部が大きく膨らむのだということが分かった。神経細胞は第1章で見たように、頭の先からうねうねとたくさんの触手を伸ばした長いヘビのようなものだ。その触手は、自分よりも前にある神経細胞の尻尾の先に接している。前の細胞の尻尾の先は膨らんでいて、後の細胞に接している。後の細胞の触手の先も、掌のように膨らんでいる。

前の神経細胞は、刺激を受けて興奮すると、尻尾の先端から特定の化学分子を放出する。その分子を受け取ると、後の神経細胞の掌は少し膨らむ。刺激が続いて化学分子の放出が続くと、掌はだんだん大きく膨らむ。こうして刺激によって結合部が大きく膨らんだとき、情報伝達の速度が上がり、それが短期記憶になるものと考えられている。

もっとも記憶ができるというのは、単に1つの結合部が大きく膨らんだということではない。私たちでいえば、1つの記憶ができるということは、数千から数万に及ぶ神経細胞の結合部が膨らんで、信号伝達のしやすさが変化したということだ。

しかし、結合部の掌はいったん膨らんでも、刺激を受け取らない状態が続くと、だんだんとしぼんでしまう。このようにして短期記憶は、短時間のうちに消えてしまうのだ。

記憶が長期のものになるためには、神経細胞の情報伝達経路にも、長期間継続するような新しい構造がつくられなければならない。この場合、単に結合部が膨らんだりしぼんだりするというのではなくて、特別の化学分子が働く。それは神経細胞の核にある遺伝子に働きかけて、特別のタンパク質をつくらせる。

新しいタンパク質ができてくると、それが結合部を強化したり、別の結合を新しくつくったりして、従来とは違った構造を形成する。ここでできるのは、短期記憶のときのような一時的な膨らみではなくて、長く続く構造だ。これによって長期記憶が形成されてくるものと考えられている。

11 ミツバチの感覚世界を見てみよう

さて、ミツバチの感覚世界をまとめてみよう。

ミツバチの複眼に見えている3次元空間の世界は、私たちが眼で見るのと同じように奥行きのある立体的なものだが、それは小さな点々が何千も集まった点描画のようなものだ。そこでは、赤色は見えないものの紫外線が見えて、さらには太陽の偏光まで見える。

また偏光や地磁気によって自分の進んでいる方角がいつでも分かり、眼に映る景色の流れによって距離も測定している。そしてこれらを総合した経路積算によって、どこからでも一直線に自分の巣に戻ってくることができる。

2本の触角は高性能のアンテナである。ミツバチはこのアンテナを振ることで、匂いや風や音を感知するだけでなく、空気の温度や湿度まで精緻に知ることができる。

匂いはふわふわと空中を遠くまで漂ってくる。ミツバチは花が発する香りの道を見つけて、それに乗って接近していく。そして花が近くなってくると、眼で見て花の位置を特定する。眼は近視ではあるものの、星の形をしたような開いた形状のものは、よく見分けられる。開いた花が、蕾のような丸い形よりもよく見えるようになっているのだ。

嗅覚によって遠くから近づいてきて、視覚によってピンポイントで特定するというこのやり方は、後で出てくるサケやイヌといった動物でも同様だ。

最後にミツバチは、花に着地すると触角や前肢で触れてみて、接触や味を確認する。

ミツバチの脳の中には、自分が飛び回った空間の内的地図が組み立てられていて、しかもそれをしばらくの間は記憶している。その記憶を頼りに8の字ダンスをして、仲間に餌場のある方角と距離をきちんと伝えることができる。

ミツバチは、私たち脊椎動物とは全く別の動物の幹で、最も高度に発達した動物の1つだ。そしてその頭の中では、私たちとは別個のやり方であるにもかかわらず、私たちとも似た空間認識と、それを記憶して役立てることのできる時間認識とが生まれてきたのである。

第7章 魚に世界はどう見えるか

秋空はどこまでも青く透き通っていて、ふわふわした綿のような雲がゆっくりと流れていた。目に見えない風が草や木々をさらさらと揺らして、遠くの空から吹き渡ってくる。

池の水面近くでは、大きなコイがすいすい泳いでいた。まわりの木立ちでは、ちいちいと小鳥が鳴き交わすだけの静寂の中で、ときおりぽちゃんと魚の跳ねる音がした。

昆虫とは離れた動物界のもう1つの幹を登っていくと、私たちヒトを含む脊椎動物に辿り着く。脊椎動物は、胚発生の過程で背中に通った1本の脊索が、やがて背骨に取って替わられるという特徴を持っている。背骨の中に神経の束が走り、その先端に脳がある。こうした脊椎動物の幹の最初のところにいるのが魚たちだ。

ここから先は、私たちと同じような「意識」といえる心的作用を持っている脊椎動物の世界に入っていこう。

1　魚の群れは、なぜいっせいに旋回するのだろうか

水族館で魚を見ていると、群れをなして泳ぐ魚たちがいる。何かの刺激に出会うと、群れがまるで1つの生き物であるかのように、ぱっといっせいに方向を転換する。

海の中では、銀青色にきらめきながら長い距離を回遊するイワシやアジは、数十匹から数百匹という大群を形成する。おびただしい数の個体は、同じ親から生まれた兄弟たちというわけではない。たまたま同じ年齢で同じサイズになったものたちが、同じスピードで泳ぐためにだんだんと集合してきたものだ。

群れにはリーダーがいるわけではない。偶然に先頭のあたりにいることになった数匹の魚が群れを率いる。相互にゆるい関係の集団であり、上下関係や役割分担があるわけではない。

しかし群れになることには、メリットが多い。まるで群れごと巨大な生物であるかのように見せて、捕食者を威嚇することができる。またそれが見破られて襲われたときでも、個体の1匹にとっては捕獲される確率は低くなる。さらに、群れの多数の眼で

魚の群れ（Wikimedia commons）

周囲を絶えず監視していることができる。群れの端の方にいる1匹の魚が危険を察知すると、集団の多数の個体は瞬時にしていっせいに旋回する。

襲うほうのブリなどの捕食者も、イワシの大群にやみくもに突っ込んだのでは勝算がない。イワシの大群は、ぱっと周辺に散っていき、捕食者はそこで空いた穴の中を素通りしてしまうだけだ。群れは何ごともなかったかのようにまた元に戻っていく。

ブリは1匹で突っ込むだけではだめだと分かると、今度は何匹かが集まって来て、共同で狩りをする。イワシの群れを追いつめて、数匹の襲撃者が何度も何度も群れの中に突っ込む。こうやって群れを攪乱し、四分五裂の混乱状態に陥れる。そして離れて孤立してしまったイワシを狙って捕獲するのだ。

このように脊椎動物である魚ともなると、集中力や記憶、そして集団での連携といった能力が格段に高まってくる。

それにしても魚の群れは、ぱっといっせいに旋回することをどのように可能にしているのだろうか。

2　魚の眼は視界が広くて4原色

魚の感覚の世界を知るに当たって、まず魚の視覚がどんなものかを見てみよう。

魚の眼のレンズは、丸く膨らんでいる。魚眼レンズだ。片眼が180度の視界を持っていて、しかも片方ずつ動かすことができる。このため視界が広くて、ぐるりとほぼ360度の景色が見える。眼は身体の両側に付いているので、身体の後方でも見ることができる。

太陽光が大気を通って水面に当たり水中に差し込むときは、斜めから差し込んだ光線がぐっと下方に折り曲げられて水中に入っていく。光は魚眼レンズに入るとさらに屈折して網膜に焦点をつくる。このような眼で、魚は水の中もちゃんと見えるし、同時に水面ごしに外の景色も見ることができる。

魚が見上げたときには、水面に丸い天窓のような部分ができていて、そこから水の外の岸辺や木々などが見える。水面の丸い天窓以外の部分には、鏡の面のように水中や水底が逆さまに映っている。眼を下の方に向ければ、水中や水底が見える。

レンズは多少動かすことができるとは言え、ヒトの眼のようにレンズの厚さを膨らませたり縮めたりすることはできないので、遠近調節はあまり得意でない。視力は0・5程度で、近くにあるものははっきり見えるが、少し遠くなるとぼんやりしてしまう。しかし動きを素早く検知することは得意だ。魚は獲物でも敵でも近づいてくるものがあると、敏感に察知することができる。

一方、色覚はヒトのような3原色ではなくて、4原色になっている。つまり魚は青色・緑色・赤色のほか、紫外線もしっかり見える。サンゴ礁にいる色とりどりの魚は、皮膚に紫外線の模様を持っていて仲間を識別し合う。たとえばグッピーは、紫外線の反射でメスを誘う。

水中では視覚に限界がある。光が散乱されてしまうので、数十メートル先までしか見ることができないのだ。また水深200メートルよりも深くなると光が届かず、暗黒の世界となる。

このため魚は、視覚だけに頼ってはいられない。そこで水流を感知する皮膚の感覚器を発達させた。

「側線器官」である。

3 皮膚感覚は魚の側線となり、陸上で耳となった

魚の身体の横には、一直線に側線が走っている。魚の絵を描くときは、身体の横に長い点線を描くと魚らしくなる。

この側線は、感覚器官である。皮膚の下にある側線器官は、右側と左側の体表を長く走る細い管だ。接触の皮膚感覚が特に敏感に発達した部分である。管には小さい穴がずらりと列になって空いている。管の中には液体が詰まっていて、水流の動きを敏感に感じ取る。感じ取る原理は、ヒトの耳の奥にある聴覚細胞と同じで、感覚毛だ。水流の圧力によって感覚毛が曲がったり倒れたりする。

水流をつくり出すのは、潮の流ればかりではない。自分と同じ大きさの水流を感じたとすれば、それは仲間の魚だ。自分より小さな水流が接近してくるとすれば、それは獲物に違いない。タコのような捕食者は自分より大きいので、大きな水流、あるいは自分とは異なる形の水流が近づいてきたら、逃げなければならない。このように魚は、水流によって、いろいろな情報を知ることができる。

実は側線器官で水流を精緻に感知することが、何十匹もの魚の群れがいっせいに旋回することの秘密なのだ。魚たちは、側線器官によっていつも仲間たちと手をつないでいるような状態にある。先頭にいる個体、あるいは危険を察知した個体が動こうとすると、何十匹もの大群であっても、一瞬にし

てぱっと向きを変えることができるのだ。

側線器官からは、3本の特殊な神経が脳に到達している。脳には、その情報処理に特殊化した領域があって、脳の中で他の魚や物体についての内的なイメージを描くものと考えられている。

私たちには、側線器官による感覚はどういうものかが分かりにくい。しかし皮膚で水の圧力を感じているのだから、そよそよと風に吹かれているときに、空気の流れを感じ取るようなものだと考えればよいだろう。

深海1000メートルよりも深くなると、魚の目は退化して、側線器官が発達する。陰気な顔をしたアンコウの一種（ジョルダンヒレナガチョウチンアンコウ）では、発光器はなくて、側線器官が身体の四方八方ににょろにょろと張り出したアンテナのように長い糸となっている。これなら暗闇でも大丈夫だ。アンテナが長いほど感度が高いようだ。

側線器官の内側の壁には、微小なタマネギのような形をした感覚器が並び、陸上動物の内耳と同じ構造になっている。そして魚の側線器官は、頭部で枝分かれして、眼の周辺、エラ、下アゴに張りめぐらされる。この一番前の部分が変化し、エラやアゴの骨格の一部が耳小骨や中耳に発達すると、陸上の脊椎動物の「耳」になっていく。

両生類が陸上で生活するようになると、水流を感知する側線器官は不要となった。オタマジャクシには側線器官があるが、カエルでは消失する。その代わりカエルには空気の振動をとらえる鼓膜ができて、音をとらえるようになった。

脊椎動物が4億年前に上陸したとき、その耳をどこにつくったか。もともと水中にいた頃から、平衡感覚を司っていた「内耳」があった。そこに音の感覚器としての役割を付け加えた。こうして耳は、平衡と音の両方を感覚する器官となった。

さて、匂いや味を魚が感知する部分についても見ておこう。

魚の体表には味蕾が分布している。つまり、身体の表面で水流だけでなく、水の味や匂いも感知できるということだ。これとは別に、頭の先端には鼻もある。ただし、哺乳類のように呼吸をする鼻腔に嗅覚器があるというのではなくて、水の出入りする独立した器官があって、そこに嗅覚細胞が密集している。

魚の口には味蕾が密集しているが、水底のあたりで暮らしている魚ではヒゲにも味蕾は密集している。魚は、私たちの指のように、ヒゲで物体や獲物にそっと触れてみる。それによって触覚を得ると同時に、表面にある化学分子を舐めて味を感知することができる。ヒゲは指であると同時に、舌の働きもするのだ。そして「近寄るべきか、忌避すべきか」を判断する。淡水魚は特に敏感で、甘味・塩味・酸味・苦味の4味が分かる。

カエル（Wikimedia commons）

4　脳で感覚の内的地図が重層化された

脊椎動物では身体が大きくなるにつれて神経細胞も増加した。昆虫では、特別に賢いミツバチやゴキブリでも100万個程度の神経細胞しか持っていない。これに対し、ゼブラフィッシュの成魚では1000万個という大台に達し、カエルでは1600万個と推定されている。また哺乳類に至っては、億の単位にまで急増し、ネズミで2億個、ヒトの神経細胞に至っては850億個もある。大脳皮質は哺乳類で初めて登場したものだが、ヒトでは神経細胞の2割以上も占めている。

脊椎動物で胚が発生してくる過程を見ると、神経細胞の集まった管ができて、その前方の部分に3つの膨らみができる。その3つがさらに膨らんでやがてそれが前脳・中脳・後脳となる。そして感覚については、①前脳で嗅覚、②中脳で視覚、③後脳で接触や聴覚を専門的に担当するようになった。

昆虫のように身体のあちこちに分散して情報処理するのではなくて、脳という1か所で集中的に処理をするようになったのだ。脳のあちこちで映像の地図、音や接触の地図、匂いの地図がそれぞれにつくられ、それらの地図を重層化して統合するようになった。身体の器官が昆虫のようにめいめい勝手に動くのではなくて、脳によって全体をしっかりと統合するようになったのだ。

魚の感覚世界をまとめてみよう。ここでは側線器官による水流の感覚が特に重要だ。魚たちは皮膚によって、自分を取り巻いている水の圧力を絶えず感知している。そして水流の大きな動き・小さな動きや、身体の右側の動き・左側の動きを立体的に認識する。こうすることによって、自分の身の回りで何が起こっているかを常に把握し、仲間の動きを電光石火で感知する。

それから水中の数メートル程度の先までは、視覚によってゆらゆらした地形や色彩、そして他の魚たちや植物が見える。水面の近くでは、上方にある天窓から水の外の景色も見える。大きな丸い眼からは、ほぼ360度に近い視界を見渡せるし、色とりどりのサンゴ礁の生物や景観も見える。特に動くものについては、瞬時に察知できる。

そしてこのような水の動きと眼で見た景観で理解した外界に、匂いや味が付け加わる。サケが故郷の匂いを嗅ぎ分けたり、サメが血の匂いを嗅ぎ分けるように、眼が遠くまで見渡せなくても、匂いはかなり遠方のものからでも漂ってくる。このようなさまざまな感覚の内的地図が、脳の中で統合されて1つになっている。

こうして魚の感覚の世界になると、私たちと異なった部分もあるとは言え、同じ脊椎動物同士として、感知している3次元の空間は、それなりに似通ったものになるといってよいだろう。

5　電気魚は、電気を認識に使ったり、攻撃に使ったりする

水中であることによって、さらに別のタイプの感覚を発達させた魚たちもいた。水は電気を通すので、電気を感知するようになった魚たちだ。

こうした電気魚たちが感覚のために電気を利用する方法とは、どのようなものなのだろうか。

恐ろしい肉食のサメは、血の匂いだけでなくて獲物の動物が発する電気を感知することができる。動物の身体は常に弱い電流を発しているので、サメは頭部などにある特殊な器官でぴりぴりとこれを感知して、獲物を捕獲する。アカエイやカレイが砂の中に潜って隠れていても、電気で感知されてしまう。中でもホシザメは動物界で最も鋭敏だといわれ、1センチメートル離れたところから、50億分の1ボルトでも感知する。

デンキナマズ
（Wikimedia commons）

電気利用のもう1つの方法は能動的なものだ。「弱電気魚」といわれる魚たちは、自分から弱い電気を放出して、周囲の状況を感知することができる。放出した電気は、周辺に電場をつくるので、獲物や障害物があると、電場が歪む。それを感知して、状況を知るのだ。

弱電気魚の一種ジムナルカスは、先の尖った尻尾から1秒に300回の電気を周囲に放電する。電場を感知するのは頭部の受容器で、これは側線器官が変形してできたものだ。これによってものの形や動きを認識する。

ヒトは、自分から電気を発して周囲を感知するようなことがないので、この感覚を理解するのは難しい。しかし跳ね返ってきた電気で周囲を認識するのだから、たとえば洞窟の中で、声を発してエコーする音を聞くような感覚だと考えればよいだろう。山に登ったときも「おーい」「やっほー」と声を発して、こだまを楽しむ。また視覚障碍者は、道路などで杖をこつこつと当てて歩行し、反響音を聞くことによって地形や材質をかなり正確に把握できるという。こうした事例から、推測してみるしかない。

弱電気魚は、電場を用いて自分の周囲の状況を精緻に理解する。南米の流線形をした淡水魚アイゲンマニアは、250から600ヘルツの交流電流を常時放電していて、体表の受容器でモニターしている。対象物がぴくりと動けば、それは獲物だ。周囲にたくさんの仲間がいて混線を避けたいときには、電気の周波数を変化させることさえやってのける。

利用する電気がさらに強力なものになると、電気で獲物を攻撃して感電させる技を持った魚が登場する。

この方法を利用するのは、シビレエイ、デンキウナギ、デンキナマズといった「強電気魚」だ。体内には特殊化した発電器がずらりと並んでいる。シビレエイの発電器は、身体の前方に左右1対で400個から500個の電柱が並び、それぞれの電柱は約400個の電函によってできている。数百ボルトの強力な電気をびりびりと浴びせられると、ヒトやウマでさえも感電死することがある。

強い電気を発するエイとウナギとナマズは、類縁ではなくて別の系統の魚だ。あるとき共通の祖先が電気の攻撃方法を開発したのではない。別々の系統で進化が進むうちに、それぞれ独自に電気で獲物を仕留める方法が開発されたのだ。

なぜ、魚の中から電気を発出するものが現れたのだろうか。それを考えるには、ゾウリムシや大腸菌の身体の中でも、電気が流れていたことを思い出そう。生物のあらゆる細胞の中では電気が流れていて、それが情報伝達や仕事に使われている。すべての生物はいわば電気的な存在なのだ。

こうした電気を外に向けて発信する細胞が現れたことによって、電気魚といわれるものたちが出現した。1つの細胞には潜在的にさまざまな能力がある。そのうちのある特定の能力が発達して専門化することによって、特殊な感覚が現れてきたのだといえるだろう。

6　イトヨもホンソメワケベラも本能で動く

清流に棲むイトヨは、繁殖期でないときには異性にもライバルにも見向きもしない。しかし繁殖期になると、オスは自分の縄張りに侵入してきた他のオスに噛みついたり、威嚇したり、追跡したりして追い払う。そして砂を掘ったり、材料をチェックして粘液で貼り合わせたりして巣をつくる。さらにメスを見つけると、ジグザグにダンスして求愛行動をする。そして、交尾・産卵・孵化と続き、メスや子供の世話までする。

こうした行動のほとんどは、昆虫と同じように本能によるものだろう。そして本能による行動は、外界の状況に合わせて、ある程度融通のきく対処ができるようになっているだろう。

オドリバエのところで見たように、魚でも本能的行動のスイッチを押す刺激が決められている。イトヨのオスは、他のオスが性的に成熟して腹が赤くなっているのを見ると、これに触発されてそのオスを攻撃する。また、オスがメスの膨らんだ腹を見ると、これに触発されてメスの世話をする。

ホンソメワケベラは、鮮やかな青白い身体に1本の黒い線の入ったスマートな流線形が特徴的だ。ホンソメワケベラは海の「掃除魚」であり、他の魚の表皮に棲む寄生虫を食べる。寄生虫の多くは、小さな甲殻類をはじめとする節足動物だ。取ってもらう魚にとっては、寄生虫の食いついた体表を掃除魚が治療してくれる。ホンソメワケベラは、1日4時間、2000匹以上の魚を治療する。

最初にホンソメワケベラは、波打つようにしてダンスを踊る。すると、たくさんの種類の大小の魚たちが、まわりに集まってくる。ホンソメワケベラが、寄生虫を取る間、魚たちはじっとしている。魚たちにとっては、寄生虫が付着したちくちく・むずむずする不快感が取り除かれ、快適な感覚を感じるのだろう。寄生虫を取り除いてもらっている間、どの魚もうっとり恍惚とした状態になる。

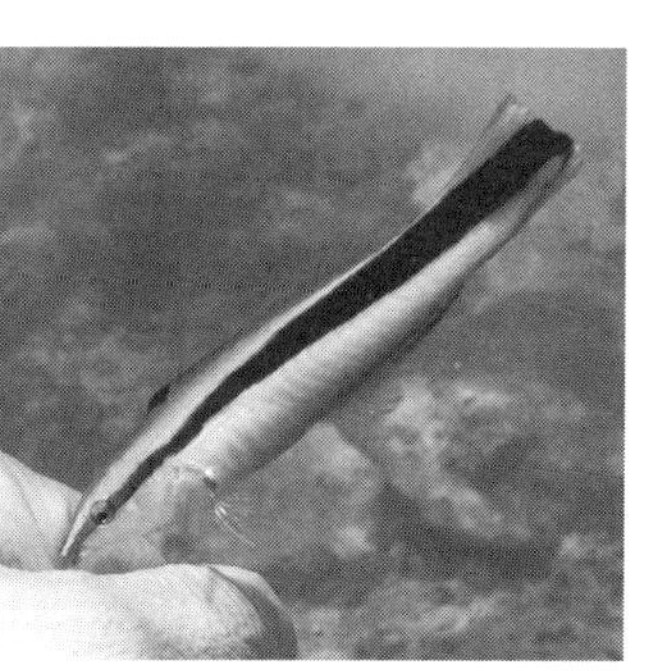

ホンソメワケベラ
（Wikimedia commons）

魚たちもホンソメワケベラ自身も、本能に従って行動する。ホンソメワケベラの体色は、青白色の地に対して眼から尾にかけてすっきりとした黒い線が入っていて、よく目立つ。生まれて初めてホンソメワケベラを見た魚であっても、その姿を見ると、寄生虫を取ってもらうためにおとなしくポーズをとる。たとえ大きな肉食魚が空腹なときであっても、ホンソメワケベラを襲って食べることはない。

掃除魚は、ホンソメワケベラだけでなく、世界中の海に、種類も系統も異なる50種以上もの魚種がいる。いずれも鮮やかな青白色の身体に1本の黒い線が入ったスリムな形態をしている。ムスメワケベラの幼魚は、ホンソメワケベラに似た姿をしていて掃除をする。しかし成長すると異なった身体つきになって、掃除をしなくなる。魚類の進化の過程で、青白い色に黒い線が入ったこの形態と色彩が、本能的行動を触発する共通の信号として採用されたのだ。

魚たちのそんな習性を利用する魚もいる。ホンソメワケベラはヘラ科の魚だが、「ニセクロスジギンポ」はギンポ科の魚だ。ニセクロスジギンポの身体つきは、青白い色に黒線が入っていて、ホンソメワケベラとそっくりだ。形態だけでなく、泳ぎ方も似せている。ニセクロスジギンポを見ると、他の魚たちは、本能に従って、おとなしくポーズをとる。すると、ニセクロスジギンポは、魚のヒレや肉を食いちぎって、猛烈なスピードで逃げていくのである。

7　サケが川に戻るのは「刷り込み」の長期記憶

魚は、イトヨのように帰るべき巣を持っているものが多い。それだけでなくて、4種に1種は何らかの形で子育てをする。タツノオトシゴは、オスが身体にある袋に卵を入れて守る。アフリカ・タンガニイカ湖のシクリッドは、メスが口の中に子供たちを入れて保育する。

こうした子育ては、本能によるところが大きいだろうが、同時に記憶力が欠かせない。1日経ったらどんな世話をしたか忘れたというのでは、困るのだ。魚の記憶力は、昆虫たちよりも遥かにしっかりしたものになった。

昆虫にもミツバチやアリのように子育てするものはいるが、わずかな神経細胞で活動するので、ほとんどは本能的行動としてインプットされている。記憶ができても、それは短期記憶であって、長期間にわたって保存できるわけではない。

しかし脊椎動物では、発達した脳のおかげで、生まれた後に経験したことを長期の記憶として保持するシステムが登場した。その最も原初的な形は、生まれたばかりの魚の脳に一定の情報が刻印される「刷り込み」である。

サケは、1万キロメートル以上に及ぶ長い海洋の旅を終わると、生殖のため生まれ故郷の川に戻ってくる。これは、故郷の匂いが脳に刷り込まれているからだ。

孵化したばかりのサケは、体長1センチメートルにも満たない。しかし、小さな脳の中には、一生消えることのない匂いの記憶が刻印される。水の匂いというのは、水に含まれる周囲の土壌や植物の匂い、さらには動物の発したアミノ酸などが混じっていて、1つひとつ異なっているのだ。

サケの稚魚は、成長するにつれて次第に故郷の川を下る。そして、河口の近くに来ると、淡水から塩水への変化に適合するように浸透圧システムをはじめ身体を造り変えなければならない。いよいよ海に出ると、浅瀬からやがて広々とした海洋へと向かう。そして太陽コンパスを用いながら、3万キロメートルとも言われる大冒険をする。

春に北海道の河川で旅を始めたサケは、夏から秋にかけてオホーツク海で過ごし、冬には北太平洋北西部に向かう。次の年にはベーリング海やアラスカ湾にまで到達し、そこで成長していく。

サケの泳ぐ航法も、昆虫のところで見た「経路積算」の方法によるものと考えられている。泳いだ跡を方角と距離のベクトルにして集積し記憶するために、出発点を割り出すことができるのだ。

海洋を巡りながら数年かけて性的に成熟すると、「生まれ故郷の川に戻らねばならない」という衝動が湧いてくる。これは、種としての本能によるものだ。

しかし生まれた川の匂いを嗅ぎ当てるのは、記憶として刷り込まれた匂いの目印が蘇るからだ。ここでも行動の大部分については本能が支配するが、その一角が空けてあって、個体の経験した感覚情報が刷り込まれているのだろう。

サケは、太陽コンパスや地磁気、海流などを頼りに、自分が出発した川の河口に近いところまで戻ってくる。そしてそこで、水中でほのかにふわふわ漂っている生まれた場所の匂いに出会う。それは水の中で、一筋の道に乗って流れてくる確かな匂いだ。川の上流にある自分が孵化した場所から、細い糸のようにずっとつながっていて、自分を導いてくれる匂いなのだ。

本能の回路は、トックリバチのところで見たように、1つのタイプの行動だけを連鎖反応的に生み出した。またミツバチが連携し合う記憶は、ほとんどは短期記憶にすぎない。

しかし環境が根本的に変わってしまったら、本能や短期記憶では対処することができなくなってしまう。そこで昆虫では、環境が変われば身体の造りや本能の回路も1つひとつ造り変えることとなった。このため、昆虫は環境が違えば種が違い、世界に100万種以上もいる最も多様な動物とならざるをえなかったのだろう。

これに対して、刷り込みなど長期記憶に基づいて行動を変化させることができれば、いちいち身体の造りや本能回路を変更しなくてもよい。この場合、本能回路は1種類だけ備えていれば、その上に個体が経験したことに応じて、内的な刻印をつくっていけばよい。多様な環境に応じて多様な目印をつくることができる。

たとえば河川は短期間で流れが変わったり、川口が土砂に埋もれてしまったりする。川が干からびている年には、サケが遡上することができない場合もある。

刷り込みによる匂いの記憶には、柔軟性がある。ある河川から放流したサケの稚魚は、すべてが同じ河川に戻ってくるわけではない。多少の違いがあっても似た匂いであれば、元の河川と同様の環境が期待できる。

もっと長い期間を見ると、サケをめぐる環境は劇的に変化した。1万1600年前に最後の氷期が終焉して、南に張り出していた氷河が、少しずつ北上していった。それにつれてサケも、生息する場を北方に移した。また氷河が内陸に向かって後退するにつれて、サケも川をさかのぼる形で産卵場所を内陸に移した。

氷期の終焉のように少しずつ環境が変わり、世代を経るうちに少しずつ生息域を変えていくような場合、固定して動かない本能よりも個体の長期記憶に依存する刷り込みのほうが有利だ。

個体の選択に自由度があればあるほど、個体が主体的に適応することが可能になる。このため、昆虫たちの本能や短期記憶に対して、魚が持つに至った長期記憶は1段レベルが上がって、遠くまで見渡すことのできる時間認識となったということができるだろう。

8　魚は1回だけの経験でも長期記憶する

ここまでに現れた事例でも、魚たちの記憶力がかなり良いということが示されている。

イワシの群れの中に突っ込んでいくブリは、襲撃の仕方を経験から学習して、だんだんとうまくなっていく。掃除魚のホンソメワケベラは、いつもやってくる常連の客よりも、なじみのない一見の客を優遇して、先に寄生虫を取ってやる。一見の客が気に入ってくれて常連になれば、自分の利益が増大するからだ。ホンソメワケベラがこうした賢い選択をすることができるのも、常連客をちゃんと記憶していて見分けることができるからだ。

脊椎動物では、1度あっただけのことを長期に記憶することのできる能力も発達した。サケが生まれた川の匂いを長期に記憶している刷り込みは、長期記憶の先駆けといえるものだ。しかし魚たちは、環境に必ず存在する情報だけでなく、自分だけに突発的に起こった1回だけの経験でさえ、記憶していることがある。生命に危険があって著しく怯えたような体験をすると、きわめて長い期間にわたって記憶されるのだ。

レインボーフィッシュを用いた実験で、水槽のガラスに向かって網を近づけるようにした。最終的にはガラスと網がぴったりとくっついて、魚たちは挟まれてしまう。レインボーフィッシュの群れは、パニックになり大混乱した。

しかしこの網には中央に穴が開けてあって、そこから脱出できるようになっていた。網をガラスに近づけるという操作を繰り返したところ、5回めで多くの魚が穴から脱出することを覚えた。

肝心なのはここからだ。11か月後、同じ実験をしたところ、パニックの程度は低かった。しかも1回めの操作で、前回の5回めと同じ程度の数の魚が脱出口から逃げ出すことができた。レインボーフィッシュは、1度起こったことを忘れずにいたのだ。

理化学研究所の研究では、ゼブラフィッシュに電気ショックからの回避行動を学習させて、1日以上の長期記憶を形成した。脳の神経活動を調べたところ、前脳の背側にある領域で、特別のパターンが見られた。そこで、この領域に長期記憶が書き込まれているものとしている。この部分とは、やがて哺乳類で大脳皮質になっていく領域なのである。

こうして私たち脊椎動物は、3次元空間を見通す遠距離感覚と同時に、遠い時間の彼方から自分の経験したことを呼び起こす長期記憶という能力を手に入れた。空間と時間の認識は、かなり遠くまで触手を伸ばし、脳の中で外界を再構成していくことができるようになったのである。

第8章 鳥に世界はどう見えるか

目も眩むような金色のイチョウの巨木が、真っ青に澄んだ空に向かって聳えていた。冷たくなった北風が、木々の梢をざわざわと鳴らし、褐色の葉をはらはらとこぼしながら通り過ぎた。茶色い地面の上を枯葉が渦を巻いて流れていく。

カモの群れが低い声で合図を送り合いながら、せせらぎの水辺を探っているかたわらを、次から次へと枯葉が流れていく。浅瀬を歩く雪のように白いサギは、ときおり優雅な羽を広げ、水面をひらりと低く舞い飛んだ。くろぐろとした鳥の一群が編隊を組んで、林の向こうの空をさっと飛び過ぎていった。

大空を飛翔することができて、広々と大地や野原を見渡しながら暮らしている鳥たちは、どのように世界を認識しているのだろうか。

1　渡り鳥やハトは、何千キロものコースをどうやって飛ぶのだろう

ツバメは、春になると東南アジアの国々から日本列島にやってきて、家の軒下などに巣をつくり、繁殖して子育てをする。そして秋になると、日本の冬の寒さを避けて再び南の国々に戻っていく。

これとは反対に、ハクチョウは秋になると日本列島にやってくる。ハクチョウたちが夏の間に繁殖して子育てするのは、シベリアのツンドラ地帯だ。冷え冷えとした北の大地は、外敵も病原菌も少ないので、ハクチョウが子育てするには好都合なのだ。しかし短い夏に草原だったツンドラは、冬には凍結して白銀の氷雪に覆われてしまう。そこで日本の湖沼にやって来て、冬を過ごす。

渡りをする鳥は、鳥類1万種のうち半数にも及ぶ。季節の巡りに合わせて、何千種もの鳥たちが、何百万羽あるいは何億羽と、世界の空を北へ南へ飛行しているのだ。

渡り鳥に発信機をつけて調査した結果によると、コハクチョウの群れは4月に北海道のクッチャロ湖を出発して、3週間かけて3000キロメートル以上にわたる空を飛んだ。そして5月中旬に、北極海に面するツンドラ草原の河口に到着した。ここがコハクチョウの繁殖地なのだ。

また、日本で繁殖して秋に南に帰っていくハチクマ（タカの仲間）に発信機をつけたところ、9月中旬に長野県の安曇野を出発して、中国・ベトナム・ラオス・タイ・ミャンマーの空を飛んだ。さらにマレーシア・シンガポールを経て、11月上旬にインドネシアのジャワ島に到着した。50日強の日程

をかけて、飛行した距離は実に1万キロメートルに近かった。

キョクアジサシは北極の夏が終わると南極へ向かい、地球をぐるっと回って何万キロにも及ぶ渡りをする。アネハヅルは標高8000メートルもあるヒマラヤの山々を越える。

渡りをする鳥たちは、どうやって自分たちのコースを間違えずに、ちゃんと目的地に着くことができるのだろうか。

渡り鳥（Wikimedia commons）

一方で、渡りをしない鳥たちも、渡りをするのに似た不思議な能力を示すものがいる。ハトは遥かな遠方からでも自分の巣に戻ってくることがよく知られている。ハトの脚に手紙を結びつけて遠隔地に通信することは、紀元前から行われていたという。現在のハトレースでは、トラックで2日かけて1000キロメートルも離れたところにハトを運び、ハトはそこからわずか23時間で帰ってくる。

ハトはこうした顕著な能力があったので、人間の歴史を通じて軍事目的でも利用された。20世紀になってからも、ハトはレーダーに発見されないので、利用され続けた。第2次世界大戦のときには、ドイツに占領されたパリのレジスタンス勢力は、ハト通信を使って連合軍に盛んに情報を送っていた。ノルマンディー上陸作戦のときには、ドイツの軍事力や施設の配置はすっかり連合軍に知られていたという。

戦前の日本陸軍にもハト部隊がいたが、戦後には主に新聞社がハト通信を利用するようになった。現在のように通信事情が良くなかった時代には、離島や山岳地帯で起こった事件では、現地で記者が取材すると、ハトに記事や写真フィルムをくくりつけて新聞社に送っていた。1960年代までは各新聞社の屋上に鳩舎があり、ハト専門の担当者がいたという。

伝書鳩の剥製（Wikimedia commons）

さて、鳥たちが長距離に及ぶ渡りを行ったり、ハトが帰巣したりすることができるのは、いったいどのような感覚に基づく能力なのだろうか。

2　ワシは眼の中に望遠鏡を持っている

まず、鳥たちの視覚はどんなものなのかを見てみよう。

空中を飛行する昆虫たちが立派な複眼を備えて遠距離までも見渡すことのできる視覚を持っていたように、空中を生活領域とする鳥たちも、動物界のもう一方の枝で非常に優れた視覚を発達させた。

ヒトは視覚のために脳の3分の1から2分の1を使うといわれるが、ヒトの眼が動物界で最高のものかというと、そうでもない。

鳥の眼こそ、動物界の中で最も高度に発達した眼なのだ。小鳥は空中を急スピードで飛翔しながら、空中を飛んでいる小さな昆虫を捕えることができる。また高い上空から森の小さな木の実を見つけて、枝に降り立つ。トビは数十メートルもの高空から急降下して、海面近くの水中にいる魚を捕える。

鳥の眼が優れている理由の1つは、紫外線が見えることだ。昆虫にも紫外線が見えることは同じだが、昆虫には赤色が見えなかった。鳥には赤色も見えれば紫外線も見える。このためワシは、紫外線によって光っているウサギの尿の跡でも見つけることができる。

鳥の色覚は4原色だ。大半の哺乳類が2原色で視界は青みがかっていて、天然色が見えるヒトでも3原色なのに対して、鳥は紫外線を含めた極彩色の色彩感覚を持っている。それだけでなく、鳥は眼の中に油滴という色フィルターを持っていて、一定の範囲の光を吸収しカットする。ハトは3種類の視細胞に油滴のフィルターをかけることで、6原色が見えるのと同様の効果を生じる。このため私たちよりもずっと精緻に、微妙に似た色の区別ができる。土に似た色をしているミミズや地面に落ちた種子でも、遠くから見分けることができるわけだ。

このように色覚が非常に優れているが、それに加えて、鳥は視覚を良くするためのさまざまな装置を持っている。

ワシは、上空にいて、1キロメートルも先にいる小さなネズミでも見つけることができる。これは、眼の正面が望遠鏡になっているからだ。網膜の中で、光受容細胞が100万個も集中していて、光を屈折させて遠くにあるものを6倍から8倍にまで拡大して見ることができる。

その視界では、中央部分に望遠鏡の丸い窓がある。そこで拡大して遥か彼方の草むらから現れたネズミでも見ることができる。丸い窓の周辺には、拡大されない通常の景色が広がっている。

これに加えて、どの鳥も視界が広い。眼の中の中心部と側方部に窪みがあって、前方と側方の2つの焦点をつくることができるからだ。広い視界の中では、前方だけでなく後方も見えている。ハトは後ろに捕食者がいても、ぴくりと素早く察知する。ハトの視野は300度あるが、よく太って脚の短いヤマシギになるとこれが360度となり、自分の背中さえ見える。ヒトの視野が180度強にすぎないことからみると、鳥は大空を舞いながら外界を広々と見渡していることになる。

それだけではない。網膜の上に細い血管でつくられている櫛の形をした構造がある。これは光の反射を弱める働きをするので、ものの動きを感知する能力が上がる。これによって鳥は、空中を素早く飛んでいる昆虫であってもちゃんと見える。また、空から海を見下ろしたとき、水面での光の反射が弱まるので、水中にいる魚でも見えてしまう。

視覚がこんなに優れているといっても、その視覚を使って平均的な小鳥は1年間に100万匹もの昆虫を捕らなければならないという。鳥が空中を飛翔するエネルギーは膨大なものとなるので、トカゲに比べて15倍から20倍ものエネルギーを消費する。そのエネルギーを獲得するために、1日にして実に2740匹もの昆虫を食べなければならないのだ。人々が昔から空を見上げて憧れてきた鳥たちも、実態は非常に多忙なのであって、それほど楽な生活ではないのだった。

3　鳥は低周波や地磁気を利用する

鳥は聴力も優れている。ヒトの耳には聞こえない1～10ヘルツの低周波が聞こえる。私たちにも風が唸るようにわーんと低い音を立てるのが聞こえることがある。しかし、大気には、それよりももっと低い音の振動が満ち満ちている。

低周波は、大気の流れや海洋の波から発されている。また、風が山々に当たって干渉し合う音も低周波になる。こうした低周波は、音源から1000キロメートル以上離れていても測定できる。実に東京から九州まで伝わるということだ。

鳥は空高く飛翔しながら、遠い海岸線や山脈から発される低周波の鈍い音を聞く。頭の中では低くて鈍い音がうーんというように鳴り響いているのかもしれない。

しかもその音は、常に一定で変わらないというものではない。自分が飛翔して移動することによって、音の高さが変わる。ドップラー効果である。音源となっている山々が近づいてくるとき、音はだんだんと高く聞こえるようになる。逆に遠ざかっていくなら、音はだんだん低くなる。こうして鳥は、遥か彼方の遠い音源であっても、近づいているのか遠ざかっているのかを聴き分けることができる。

さらには安全な飛行を確実なものとするために、鳥は地磁気を利用する。地磁気とは、一説によれば、地球の中心部で高熱になってどろどろに溶けた鉄とニッケルが対流することによって電磁気力が発生したものだ。

地球の上で長い距離に渡って移動する動物たちは、地磁気を感知することができるものが多いとされる。渡り鳥だけでなく、回遊する魚やクジラ、イルカもそうだ。これらの動物は、季節的に自分に適した場所を選んで移動する。

地磁気は、地質学的なほど長いスパンで見れば変化する。最近8500万年の間に磁場の北と南は、200回近く逆転したことが分かっている。しかしそれは、これだけの長期間の間にたった200回ということでもある。生物の一生から見れば、磁場はほとんど変化しない。

太陽光が昼夜によって刻々と変化するのに対して、地磁気はどんなときでも外界に存在していて方角を指し示している。このため生物にとっては、ある意味で太陽光よりも地磁気のほうが信頼できる。

細菌、ヒザラガイ、ミツバチ、オオカバマダラ蝶、マグロ、アオウミガメ、ハト、ハツカネズミ、イルカなど、多くの種の体内から、磁鉄鉱などの磁気物質が発見されており、これらの生物は磁気を利用しているものと考えられている。

私たちヒトは、磁気の感覚がどのようなものかが分かりにくい。しかし脳の中から磁性物質が発見されたという報告がある。方向感覚の良い人と悪い人がいるのは、もしかしたらそうした感覚が影響しているのかもしれない。もっともこれはまだ研究段階であって、確たることは分かっていない。

4　渡り鳥は、生まれた巣を中心に内的地図をつくる

こうやって見てくると、鳥たちは眼が良いだけでなくて、低周波を聴く聴力や地磁気を感知する能力も持っており、3次元空間を把握する能力は、私たちよりも遥かに優れているといえそうだ。何千キロメートルもの渡りをすることができるのは、こうした立体的に遠方までの空間を把握する能力があるからなのだろう。

魚のところで見たように、脊椎動物に至って脳は格段に進化し、さまざまな感覚の内的地図をつくり、さらにそれを統合することができるようになった。鳥ではその能力が一段と発達して、入力される感覚情報が多様なものとなった。

さてそれでは、渡り鳥やハトの内的な世界では、どのような感覚によって渡りや帰巣が可能になっているのだろうか。

まず、ミツバチなどの昆虫やサケなどの回遊魚がみごとな帰巣行動を見せて、そこでは「経路積算」という能力が発揮されていたことを思い出そう。

多くの動物では、自分の生まれた巣が特に重要だ。その巣がいつも世界の中心点として錨を下ろしていて、そこからどの方向にどれだけ離れたかが分かるようになっているようだ。昆虫やサケ、あるいは渡り鳥だけでなくて、身近なイヌやネコにも、そうした帰巣能力を発揮する事例があることを私

たちは知っている。

そのような能力を私たちは持っていない。もしかすると羅針盤も持たずに大旅行や大航海をした古代人には、ある程度そうした能力があったのかもしれないが、現代人ではすっかり失われてしまった。生物たちの能力というのは、何かを獲得すれば何かを失わなければならない。それは、獲得するエネルギーをどう分配するかということにかかわる問題だからだ。

巣の中で卵から孵った小鳥のヒナは、すでに経路積算の能力を持っていると考えられる。幼い鳥は、自分が生まれた巣を中心として、徐々に内的な地図を形成していく。脳の中に精緻な羅針盤があって、生物時計と一体となっており、巣から北へ行ったのか、南へ行ったのかという方角と距離が、どこにいても分かるようになっている。ハトを麻酔して眠らせて運んでから放しても、ちゃんと巣に戻ってくる。このため羅針盤と時計は、眠っている間も働いているものと考えられる。眠っている間も、身体の細胞は働いている。眠るというのはあくまでも脳の一部分で起こることにすぎないのであって、経路積算の機能は、妨げられていないのだ。

このようにして1日24時間、羅針盤と時計が鳥の記憶回路の中に徐々に内的地図をつくっていく。幼鳥は、周辺のさまざまな感覚情報を得ることになる。目印にするのは、最初は眼で見たもの、匂いを感知したものが中心だ。眼で見たものの中には、私たちに見えない紫外線や偏光の情報もある。次第に成長して活動する範囲を巣から周辺へと拡大していくにつれ、内的地図の範囲も拡大していくことになる。

やがて空高く舞い上がるようになると、鳥は太陽コンパスを用いて飛翔する。ごうごうと鳴る気流の音響や、山や森林が風を受けてうーんと唸るような低周波の音響も目印になる。地磁気を感知することができるので、曇天で太陽コンパスが使いにくいときは、磁気コンパスを使うこともできる。

夜に渡りをする鳥たちにとっては、星が目印だ。北半球では、北極星を中心とする星座の形を認識している。

できていく内的地図は、精緻なものである必要はない。変化することのない主だった目印と目印をつなぐ点と線。それからその方角や距離を決めるための太陽や北極星の位置と生物時計で十分だ。鳥の生物時計は、脳と眼の中に3つのものが確認されている。羅針盤と時計が整ってくれば、遠い旅をするための準備はできたようなものだ。

渡り鳥の集団は、生物時計で渡りに出発する時期を測っていて、それまでとは全く違った身体に変化していく。ふだんは夜には活動しないのに、渡りの時期には外敵に発見されないよう夜間に飛行する鳥も多い。生物時計は、身体を変化させるべき時期を教え、渡りの開始と終了のときを知らせる。

ただし、遠い旅をするにはもう1つ、脂肪の蓄積が必要だ。鳥によっては、渡りの前には脂肪の蓄積によって、体重が2倍にもなる。日照時間が時期を示し、体内の脂肪が一定量だけ蓄積されると、鳥の体内でホルモンが放出される。これが渡りへの衝動を生み出すことになる。

5　方角と時間が先天的に刻印されている

鳥は、渡りをしたくてたまらないむずむずした感覚に襲われる。鳥かごに入れられた鳥は、渡りの時期になると鳥かごに身体をぶつけて暴れ回る。部屋に閉じ込められた鳥は、一定の方角に向かって飛ぼうとして、何度も壁に頭をぶつけてしまう。

ホルモンの作用による内的衝動だと考えれば、私たちヒトでは思春期のもやもやした衝動や性欲に比較してみると推測が可能かもしれない。まるで鳥の渡りのように、家出をしてはまた戻ってくる者もいる。

初めて渡りをする鳥は、目的地に行った経験がないのだから、頭の中に目的地までの地図がきちんとできているわけではない。1羽だけで飛び立った場合は、特定の方角をめざして、特定の距離だけ飛び続ける。飛んでいく方角と飛び続ける時間だけが、本能として刻印されているものと考えられる。

渡り鳥が事故によって群れからはぐれてしまった場合にも、自分の衝動に従って、特定の方角をめざして特定の時間だけ飛び続ける。そこで仲間たちに再会できるかどうかは、運次第だ。

実際には鳥は1羽だけでなく、群れになっていっせいに飛び立つ。初めて渡りをする若い鳥は、群れの中の経験豊富な先輩に案内されながら旅をする。

柔らかな陽射しが降り注ぐある晴れた日に、渡り鳥の群れはいっせいに大空へと飛び立っていく。

晴れて風のない日は、視界が良いだけでなく、上昇気流が発生して鳥たちを空高く持ち上げてくれる。巣から育った若鳥にとっては、初めての長旅だ。眼で仲間の鳥たちを追いながら、遅れることのないように懸命に羽ばたいていく。上空からはなだらかに広がる耕作地や森、きらきらと光る河川、灰色のビルや家々の屋根を連ねた街が遠くまで見渡せる。そして若鳥の頭の中には、生まれ育った巣を中心として描いてきた内的地図が、すでにしっかりと形成されている。鳥は、太陽や星の位置と偏光、あるいは地磁気によって、自分の位置や方角を知る。

経験者は、記憶を頼りに何百キロメートルも先にある山や、地平線の彼方の千キロメートルも先から聴こえる低周波などを目印にして飛ぶ。遠くから伝わってくる風の匂いも、役に立つ。こうして鳥たちは、ところどころで立ち寄る安全な場所で休息したり栄養を補給したりしながら、地球をぐるっと回って、最終的には間違えることなく目的地に辿り着くのだ。

6　鳥類では、視覚のため中脳が発達

魚のところで見たように、脊椎動物では神経の管にできた3つの膨らみから脳が形成されることは共通している。3つの膨らみは、前脳・中脳・後脳になる。しかしその発達の仕方は、鳥類と哺乳類では異なっている。哺乳類では匂いの中枢である前脳（間脳と大脳）が発達したのに対して、空を生活領域とした鳥類は、視覚の中枢である中脳を発達させた。

鳥類の中脳の中で特に大きな部分を「視蓋」といい、網膜から信号が直接入力されてくる。中脳は、ものの動きを素早くとらえるのに適した部位だ。鳥の視覚ではこのルートを発達させた。そして中脳の背側に内的地図ができるものと考えられている。

一方、哺乳類のほうは、恐竜が地上を支配していた中生代に、恐竜に襲われるのを避けて夜の暗闇の中で匂いを嗅ぎ回る生活が長く続いた。このため嗅覚の中枢だった前脳を特に発達させた。前脳の中で嗅覚を感知する部位（嗅球）が発達し、何が感知されたかを解読したり、嗅覚の内的地図をつくるようになった。

後になって哺乳類の脳は、前脳からできた大脳皮質や視床などで、視覚の機能を高めて統合するようになった。哺乳類にとっては鼻の発達が先にあって、眼の発達はそれよりも後になってからのことだったのだ。

哺乳類と鳥類では別々の系統で脳が独自に発達したので、でき上がった大脳の構造も異なっている。哺乳類では大脳は何層もの層構造になっているが、鳥類の大脳には、層ではなくて塊になっている細胞集団がいくつもある。

また大脳には右脳と左脳の2つの半球があり、哺乳類では脳梁によって2つがつながっているのに、鳥の脳は脳梁でつながっていない。だから鳥は、片半球だけで眠り、もう片半球は起きていて敵を警戒していることができる。片半球だけ眠りながら、渡りの飛行をすることもできる。

視覚のために中脳を発達させた鳥類だったが、鳥にとっても前脳から発達してきた大脳が重要であることに変わりはない。鳥類は子育てや食料の貯蔵など複雑な行動をとるが、その記憶や判断には大脳が中心的な役割を果たしているからだ。

多くの鳥は、木々の葉が黄色く染まる秋にたくさんの木の実を集めてきて、樹木の祠の奥や土の中などに貯蔵する。そして貯蔵した食料を、1年間かけて取り出して食べる。


記憶を司っているのは、大脳の「海馬」だ。これは哺乳類と同様である。食料を貯蔵して後で再び取り出すという行動をとる種は、その行動をしない種よりも、海馬が大きく発達している。

しかし鳥の脳は小さくて限界があるので、1年に1回記憶を書き換えることになった。次の年の秋が来ると新しい木の実が成って、前の年の記憶は不要となる。このため鳥の海馬は10月頃になると急速に更新が進んで、毎日2パーセントの細胞が死んではまた新しく誕生し、新しい海馬ができていく。こうしてほとんどの記憶がリセットされてしまうものと考えられている。

多くの鳥は、オスとメスでつがいになるものの、年が変わるとまた別のパートナーを探す。こうした習性も、記憶がリセットされることと関係があるのかもしれない。

これに対して、ヒトの脳は容量が十分にあるので、幼児期にいったん完成した海馬は、一部の細胞が増減することがあるにしても全体が入れ替わることはない。ヒトは、こうすることによって記憶の一貫性を保っているものと考えられる。

もしも私たちの祖先が小鳥だったとしたら、パートナーとの関係がどうなっていたかは、言及するのを避けておこう。

第9章 哺乳類に世界はどう見えるか

黒い木立ちを映す鏡のような池の水面には、褐色の落葉がおびただしく浮かんでいて、その中をカモの群れが泳いでいた。しんと静寂な森の中に、ちいちいと小鳥のさえずりが響いた。池のほとりには2匹のネコが枯葉の中をそっと歩き、1匹は水辺に寄って姿を水面に映し、口をつけてぺろぺろと水を呑み始めた。まわりに群がっているカモたちは穏やかで、まるでネコを警戒している様子もない。水上にいるからだろう。空を飛ぶでもなく水面に浮かぶでもなく岸辺にたたずんでいるのが、私たちの仲間だ。

いよいよ私たちを含む哺乳類に辿り着いた。この世界では、空間や時間の認識は、さらに遠くへと触手を伸ばしていくことだろう。

1　イヌの嗅覚はどれほど鋭いのだろう

イヌの感覚で顕著なのは敏感な嗅覚だというのは誰でも知っているが、どれだけ敏感なのかというとなかなか想像するのは難しい。

ある警察犬の記録によると、1978年の暮れ、新宿の銀行に強盗が入った事件があった。強盗は現金を奪ったうえでガソリンを撒いて店に火をつけ、逃走した。このとき出動したシェパードの警察犬は、銀行強盗の男が脱ぎ捨てたジャンパーを差し出されて、その匂いをしばらく嗅いだ。そして警察犬はすぐに建物がごみごみと集まった狭い通りを抜け、何のためらいもなくいくつもの街角を曲がった。そしてあるアパートの周囲をぐるりと一周して、そこで停止した。犯人が潜んでいたのは、そのアパートの部屋だったのだ。ジャンパーが脱ぎ捨ててあったところからアパートまでは、約300メートルの距離があったという。

またそれよりも前、1972年に起こった連合赤軍によるあさま山荘事件のときには、警察犬は群馬県の山中から連合赤軍メンバーの逃走経路を追って、足跡の匂いだけを頼りに、なんと山を一つ越えた。そして深い雪の中に埋めて隠してあったダイナマイトや鉄パイプ爆弾などを発見したのだという。

こうした事実から想像できることは、イヌは嗅覚だけでもかなり精緻に空間の内的地図を描くことができるのではないかということだ。私たちが外界の情報の多くを視覚に頼っているのと対比していえば、イヌが世界を見るときには、嗅覚に多くを頼っているということではないだろうか。

イヌの嗅覚は、どれほど鋭いのだろうか。

イヌは、猛々しく俊敏な野生のオオカミから感覚の仕方を引き継いでいる。イヌの嗅覚は、匂いの種類やイヌの個体にもよるが、ヒトの1万倍から1億倍も敏感だとされる。私たちには分からないほどの弱い匂いを嗅ぎ当てるだけでなくて、匂いの種類にも敏感で、イヌは数万種類もの匂いを嗅ぎ分けることができる。

このためイヌはくんくん嗅いで、1人1人の人間を匂いだけで見分けることができる。それだけでなくて、地面に鼻先を近づけて靴の裏から滲み出した脂肪酸の匂いを嗅ぎ、それを頼りにたとえ1週間経っていても追跡することができる。さらにまわりにいる動物が、怖がっているのかリラックスしているのかといったことまで匂いで分かる。

警察犬（Wikimedia commons, Author Dick Thomas Johnson）

ヒトは視覚で色彩を細かく見るために、嗅覚を犠牲にした。イヌは嗅覚細胞を2億2000万個も持っているのに対して、ヒトでは500万個しかなくて、イヌの44分の1にすぎない。ヒトが多くの情報を頼っている視覚の受容器タンパク質はたった4種類だけだが、これに対して、イヌの嗅覚の受容器タンパク質は800種類以上もある。このため、質的に非常に微細な違いでも嗅ぎ分けることができるわけだ。

嗅覚がとらえる化学分子は、光のように一直線に進む信号とは異なって、空気の流れに漂って広がりながら、ゆっくりふわふわと拡散する。光は通過して消えてしまうのに対して、化学分子は消えないでその場に残る。このためイヌは、化学分子が揮発した度合いを測って、匂いづけされたのは過去のいつごろだったのかという情報さえも知ることができる。

イヌが匂い感覚として持つのは、鋭敏な嗅覚器官だけではない。鼻の奥に鋤鼻器(じょび)という独特の感覚器を持ち、フェロモンを感知する。フェロモンは、仲間のイヌが分泌腺から発する化学分子だ。ヒトには分からない。

ある科学者は、ヒトにも鋤鼻器を発見したといって、異性を引き付けるフェロモンを探し求めている。しかし残念ながらその成果は、今のところまだ上がってはいないようだ。

2 空気状態・超音波を探知できるが、見える世界は青っぽい

イヌの湿った鼻先は匂いに対して敏感なだけではなくて、空気の気圧や湿度を探知することができる。顔に生えた毛でも、暗闇で頭をぶつけないよう空気の流れを感じ取る。イヌは鼻先で赤外線さえも探知する。このためイヌの子は、眼の見えない幼い段階でも、母親がいる方向を鼻先で知ることができる。

匂いや空気の状態が分かる鼻だけでも狩りに最適だが、聴力も優れている。イヌは4万7000ヘルツの超音波を聴き分けることができる。ヒトに聴こえる音の上限は、2万5000ヘルツ程度にすぎない。したがってネズミが暗闇できいきいと私たちに聴こえない超音波を発して会話しても、イヌには聴き取られてしまう。さらに、イヌも遠く離れた土地から家に戻るという帰巣行動をとるが、これは「経路積算」の能力があるからだ。そのとき方角については、地磁気を感知して測定しているのではないかと考えられている。

身近なのでイヌを取り上げたが、他の哺乳類も似たようなものだ。恐竜は中生代に1億5000万年間もの長期にわたり昼の世界を支配していた。その時代に哺乳類は、恐竜から襲われるのを逃れて夜行性となった。哺乳類は、夜の暗闇の中で嗅覚を発達させたのだ。

このため鋭敏な嗅覚にしても、イヌが最も優れているわけではない。食肉類の中でイヌの嗅覚は平均的で、ハイイログマの嗅覚はもっと鋭い。闇の中で眼が光るネコ。そのネコから逃げて走り回るネズミ。他の身近な獣たちも、暗闇に適応した感覚を持っている。

暗闇で進化した歴史があるために嗅覚が鋭敏だとしても、その一方でイヌの眼はヒトよりも優れているわけではない。視力は0・25程度であって、近視の人のように遠くのものはぼんやり見える。それだけでなく色覚がとても弱い。魚や鳥は、優れた色覚を持っていて、4原色で世界を見ていた。カエルやトカゲの色覚も4原色だ。これに対して長い間夜行性だった哺乳類は、暗闇でも物が見えるよう明暗の視細胞を発達させた一方で、色覚の視細胞は退化した。色覚を受容するタンパク質は、もともと「青色・緑色・赤色」と3種類あったのに、哺乳類では「赤色」を受容するタンパク質を喪失してしまったのだ。

多くの哺乳類は色盲に近いといわれるが、明暗が見えるだけの白黒の世界に生きているわけではない。青色はよく見えるし、緑色も見える。しかし赤色が明瞭に見える獣はいない。2原色で世界を見ているのだ。世界には色彩がついているものの、全体的に青や緑っぽくて、赤色を区別することはできない。赤色は、光線の具合によって青や緑の背景に溶け込んで同じような色に見えるか、あるいは少し黄色っぽく見えるだけだ。昼の世界ではイヌは、花々や昆虫たち、そして鳥たちが色彩を競い合う赤やオレンジ色のみずみずしい天然色を楽しむことはできない。

ヒトの祖先は、いったん喪失していた赤色の色覚を取り戻した。森の中で樹上生活をしていたサルの時代に、緑色の光をよく吸収するタンパク質から赤色の光をよく吸収するタンパク質が分岐した。こうしてサルは、森の赤色に熟れたおいしい果実を見つけることができるようになった。そして、樹から樹へとぴょんぴょんと飛び移るため、両眼の立体視も発達させた。ヒトは、サルから色覚と立体視を受け継いだおかげで、赤色や遠方の景色もよく見える。赤やピンクが見えなかったとしたら、ボッティチェリの絵画「ヴィーナスの誕生」はどんなに味気ないものになったことだろうか。

このようにイヌはヒトに比べて、色覚も弱いし、視力も劣る。しかし視野は広いし、暗がりの中でものを見ることや、動くものを瞬時に識別する能力は、ヒトよりも遥かに優れている。

つまりイヌの感覚世界では、種類も異なれば、強弱も異なるさまざまな匂いが空間にふわふわと漂っていて、それが最も重要な信号だ。しかもそのうちのどれかに意識を集中することができる。視界は青っぽい寒色系で、近視の人のようにややぼんやりしている。しかし、あたりが暗くてもよく見える。そしてわずかでも動くものがあれば、その動きを眼でとらえたり、ぴくりと動く耳で音を聴き分けたりして、薄暗がりでも発見することができるのだ。

サルが樹上を渡り歩いて赤く熟れた果実をもぎとるのに対して、イヌは平地を走り回る小動物を嗅ぎ当て、追いつめて、瞬く間に飛びかかる。

3 コウモリは反響で暗闇を認識し、超音波のビームで攻撃

イヌの感覚について見てきたが、哺乳類は20以上の系統に分散して、生息する場所も生態も非常に多様となったので、発達させた感覚も多様なものとなった。哺乳類同士で感覚も脳も、私たちと共通の基盤を持っているとは言え、私たちには分からない特殊な信号に対する感覚を発達させた種も多い。

カモノハシはくちばしで、エビが発する弱い電気を感知する。地中にいるモグラは、鼻先の振動と匂いで環境を把握する。そして以下に見るように、コウモリやクジラは超音波で周囲を認識するようになった。いずれも視覚だけに頼ってはいられない哺乳類が発達させた感覚だ。

灰色の翼を身にまとったコウモリは、夕空を飛び回るけれども鳥類には所属していなくて、夜行性の哺乳類だ。哺乳類の中でただ1系統だけ、空を自由に飛翔する能力を身につけたのがコウモリだった。同時に、他の哺乳類よりも遥かに聴覚を発達させた。コウモリは超音波が聴き取れるだけでなく、自ら超音波を発信して、その反響音によって周囲の地形を細かく認識する。

コウモリ
（Wikimedia commons）

コウモリに目隠しして、天井からいくつもの障害物がぶらぶらと垂れ下がった部屋で飛行させても、コウモリが障害物にぶつかることは決してない。たくさんの鍾乳石が垂れている洞窟の奥にいても、鬱蒼と木々が生い茂った森の中にいても、コウモリは暗闇の中で上手に飛行することができる。

イヌが匂いによって内的地図を描くように、コウモリは超音波の反響音で精緻な内的地図を描いていることが分かる。イヌは匂いによって、コウモリは超音波によってものを「見る」といえるだろう。

暗闇の中でコウモリは、小さな昆虫の位置を正確に突き止める。反響音によって物体の材質まで見分け、ガなのか甲虫なのかを識別する。ものの位置が分かるだけでなくて、超音波は攻撃用の武器にもなる。コウモリは獲物のガが飛行中であっても、超音波のビームをぴたっと命中させて空中で仕留める。荒々しい爆音でヒトの鼓膜が破れることがあるように、エネルギーの高い音響は物理的な攻撃に使えるわけだ。

コウモリが飛行するときに発する超音波は、ふつうは1秒に10回の速さで、数ミリ秒持続する。ガがいると、音の持続時間を短くして頻度を上げ、高速のパルス音を1秒に１００回から２００回集中的にぶつける。

ふだんは洞窟などにいて夜になると昆虫を求めて飛び回るコウモリは、地味な存在に見えるかもしれない。しかし、コウモリは、約5000種の哺乳類の中で最も成功したグループのひとつなのだ。世界中のいたるところに1100種もの仲間がいる。

空という立体空間を生活領域にすることのできた動物の系統は少なくて、現生種では昆虫、鳥、そしてコウモリだけだ。

鳥は昼の地上を走り回っていた恐竜から進化した。一方コウモリは、夜の暗闇に棲むネズミのような祖先から進化した。いずれも空を生活領域にすることによって、食料探しが便利になったうえに天敵からも逃れやすくて、世界中の広範囲に発展することができた。そのときコウモリは、夜の空を生活領域としたために、先に空に進出していた鳥と棲み分けができて、競争をしなくてもよかった。超音波を反響させるというコウモリ特有の能力が、夜の空に進出することを可能にしたのである。

ネズミもまた超音波を聴いたり、発出したりすることができる。ネズミ類はコウモリ以上に成功していて、2300種もいる。ネズミとコウモリの祖先は夜の世界で進化し、超音波の内的地図を描くことによって繁栄したのだった。

4　クジラ・イルカは海に戻って音波で認識

クジラやイルカは、哺乳類でありながら、陸上から海洋へと帰っていったものたちだ。先祖はカバのような哺乳類であって、沼のようなところで水中に入って暮らしていた。やがて遠い外洋へまで出て、ゆるやかに起伏する巨大な流線形のクジラが完成するのには、4600万年という期間を要した。

水の抵抗を受けないように、耳殻はなくなって、耳は身体の奥深くに入り込んだ。前肢は魚のように先祖返りして、ヒレとなった。水中を泳ぐためには流線形の身体つきが適当なので、後肢は消失した。呼吸をするための鼻孔は、顔の前面にあったものが移動して、胴体の真上にできた。クジラの潮吹きは、鼻から噴き出された呼気である。

イルカ（Wikimedia commons, Author 須賀次郎）

クジラやイルカは海に戻ったものの、魚類のような側線器官を再び獲得することはできなかった。側線器官は、すでに耳になっていたからだ。そこで、彼らは聴覚器官をもっと発達させて、コウモリのように超音波の反響音を聴き取ることができるようにした。外耳の穴は水圧に耐えるのに邪魔だったので、塞いでしまった。その代わりに音を伝達するのに使ったのは、下顎の骨だった。水中を通ってきた音がクジラに到達すると、クジラは「骨伝導」によって、音を聴覚器官まで運ぶ。
私たちヒトにも骨伝導はある。耳を塞いで音が聴こえないようにし、顎の骨を机に当てて叩いてみると、ごんごんといった感じの大きな音がする。これが骨伝導だ。
録音した自分の声を聞くと、まるで他人の声のように聞こえる。不祥事を録音された人は、「これは自分の声ではない」などという。自分の声というのは、空間だけでなく骨伝導でも伝わるから、他人とは違って聞こえるのだ。

イルカの使う超音波は、鼻の奥にある襞を空気で振動させて発生させる。おでこが大きくて愛嬌があるのは、そのあたりに「メロン」と呼ばれる大きな脂肪の塊があるためだ。ここで超音波を収束しピントを合わせて発出し、その反響音で地形・獲物・外敵を知る。イルカもまた超音波で精緻な内的地図を描いているものと考えられる。

石など均質な物体からは、反響音は「ピー」と聞こえ、獲物の魚のように複雑なものからは、「ピピー」というように聞こえる。イルカは獲物だと分かると、その音を身体の正面中央に持って来て、それをめがけて直進する。

そして、コウモリと同じく、超音波をビームとして獲物を攻撃する。イルカは身体が大きいので、ビームの威力は大きい。超音波を当てられた魚は、失神してしまうほどだ。ロック・バンドのライブ演奏では、重低音が身体に強く響いてくるが、イルカの超音波はそれをもっと強烈にしたものだ。ダイバーは、イルカの群れの中にいると、水中で強い振動を感じるという。

クジラは渡り鳥と同じように、地球の長い距離にわたって回遊する。ハクチョウが北の大地を繁殖地とするのとは逆に、クジラにとっては南の暖かい海が繁殖地だ。北極海には湧昇流があるので、オキアミなどのプランクトンが繁栄し、栄養が豊富だ。このため、クジラは冷たい北の海で成長する。しかし北極海は、冬には水温が低下して氷に覆われるほどに寒くなる。そこで冬になると、クジラは熱帯の赤道付近まではるばると回遊してきて、温暖な海で交尾し子育てをする。

クジラはほとんどの時間、海中深く潜っているので、太陽コンパスを用いるわけにはいかない。したがって、渡り鳥以上に地磁気に頼っているようだ。また、クジラが発する低周波の音響は、海の中を何百キロも伝わることができて、仲間同士でコミュニケーションをしているものと考えられている。

5　場所細胞は発火して空間と時間の認識をつくる

私たちヒトにとって最も重要な感覚の内的地図は、視覚の地図であるが、一方、イヌにとっては匂いの内的地図があり、コウモリやイルカにとっては超音波の内的地図があるものと考えられる。これらの地図は、視覚・聴覚・触覚など感覚の種類ごとに脳のさまざまな部位でいったん形成される。しかしそれを統合して記憶するためには、大脳皮質の奥側にあるタツノオトシゴによく似た形をしている海馬を経由しなければならない。

近年、海馬で記憶に関するさまざまな発見がなされている。２０１４年、ジョン・オキーフ、エドヴァルト・モーザー、マイブリット・モーザーの３人は、ネズミの海馬にある「場所細胞」など特別な神経細胞の発見によって、ノーベル生理学・医学賞を受賞した。場所細胞は、自分のいる場所を内的地図として示す細胞たちだ。

１つの場所細胞は、特定の場所にいるときに反応し、自分が空間のどの位置にいるかを告げる。ネズミが左上に行くとある場所細胞が興奮して発火し、右上に行くと別の場所細胞が発火する。同じ場所にいると、同じ場所細胞が繰り返し発火する。

また「頭部方向細胞」という神経細胞があって、動物が特定の方向を向いたときに発火する。さらに「格子細胞」は、空間の中で等間隔に並んでいる格子のような地点を識別し、細胞ごとにどこの地点にいれば発火するかが決まっている。これらの神経細胞が海馬やその周辺にあって内的地図の形成にかかわっており、自分とスタート地点との位置関係を経路積算する際にも役割を果たすらしいということが分かってきた。

さらにモーザーたちは2019年、新しい発表をした。海馬の手前（嗅内皮質）にある多くの細胞は、空間の中のどこかの目標から動物が一定の距離と方向だけ離れたときに発火するというのだ。彼らはこの細胞に「目標ベクトル細胞」と名付けている。

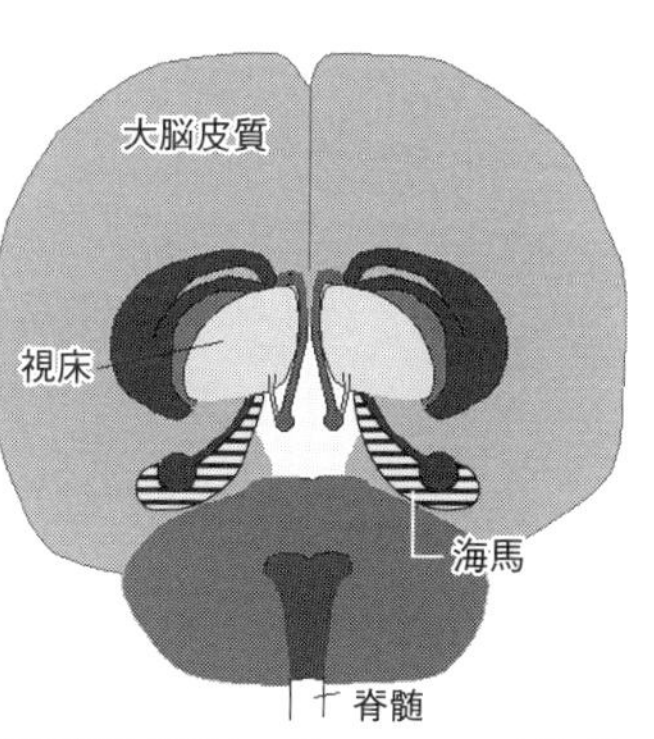

脳の海馬（Wikimedia commonsを改変）

場所細胞は、空間認識だけでなく時間認識もつくる。それが分かったのはネズミが移動するにつれて、別々の場所細胞が連続して発火することが発見されたからだった。0・1秒という短い時間の間に、前にいた場所を示す場所細胞、今いる場所を示す場所細胞、今後行こうとしている場所を示す場所細胞が、連続して発火する。しかもその発火は1回で終わらずに、間隔を置いて連続して起こる。そしてネズミが前進すると、発火のタイミングも少しずつ前にずれていく。

こうした現象から、海馬はきわめて短い時間の中で、過去・現在・未来という時間の推移をネズミに対して示しているものと考えられた。

さらに場所細胞による別の反応も発見された。ネズミがじっとしているときでも、場所細胞の発火は再生されていたのだ。これは移動しているときに発火した順序とは逆の順序で、近い過去から遠い過去に向かって、圧縮して再生されていた。しかもこの現象は、睡眠中にも起こっていた。このことは、移動した経路を繰り返し思い出し、記憶として固定しようとしているものと考えられている。空間の内的地図だったものが、こうした反応を通じて時間の経過として蓄積されるものと考えられる。

6　類人猿・ゾウ・イルカは鏡で自己認知

哺乳類は、夜の世界にいるときに匂いや音の内的地図をつくり、さらに昼の世界に進出してからは視覚の内的地図を発達させた。これによって私たちが認識している3次元の立体空間は、ほとんどが内的に統合されたことになるだろう。

それでは空間認識の発達は、ここまでで終わりだろうか。私はこの上にもう一段発達させたレベルの空間認識があるだろうと考える。それは、「そこに現実には存在しない空間を想定する能力」だ。

私たちヒトは、現実に見ている目の前の空間だけでなく、目の前には存在しない空間を想定することができる。それは、脳の中のイメージだけで空間を構成することのできる能力だ。イメージの中でさまざまに加工することもできる。想像力といってもよい。そこでは、空間と時間が合成されて加工される。その能力が発展すれば、やがて学問、絵画、音楽など、ヒト集団の文化を形成することもできるようになることだろう。

ヒト以外の動物には、眼の前にはない空間を想定してみる能力はないのだろうか。いや、そうでもないだろう。危険を察知したり、獲物を狩ったりする能力がある動物なら、多少なりとも目の前の空間を超えて、未来あるいは過去の空間を想定することができるに違いない。

しかしどこからが「現実には存在しない空間を想定する能力」とまでいえるのだろうか。それは、自分自身が外界にぴったりとはまり込んで、そこに縛り付けられた状態では持てない認識力だ。それは、自分自身を超える認識の力であり、自分を客観的に認識する能力と似たものだと考えられる。

動物が自分を客観的に認識できるかどうかを確かめるため、鏡に映った自分の姿を理解するかどうかが調べられている。その能力を「鏡像自己認知」という。

イヌは、鏡に映った自分の姿を自分とは認識できない。他の個体だと思って、わんわんと吠えたり、追い払おうとしたりする。魚は、追い払おうとして鏡に向かってぴゅっと突進してしまう。ほとんどの魚・鳥・獣は、鏡の中の自分を同種だと理解できたとしても、自分ではない他の個体だと認識する。

鏡の像を見たときに自分の身づくろいをするような独特の行動をとる場合には、その動物は自分の存在を認識しているものと考えてよい。身体の一部に目立つペイントをして鏡を見せると、自己認知のできる動物はペイントが気になって、その部分に触れてみたり、ペイントを落とそうとしたりする。あるいは自分では見えない部分を鏡に映して見ようとする。

鏡の像を自分だと理解することができたのは、チンパンジー、オランウータン、ゾウ、イルカだった。またカラス科のカササギも、鏡像自己認知をする行動を示した。ハトも、訓練すれば鏡を見ながら自分の見えない部分をつつく行動ができた。ブタにもできたし、魚で最大級の脳を持ったマンタにもできたという報告がある。

琉球大学の池田譲は、イカでそのような実験を繰り返し行ってみた。アオリイカに鏡の自己像を見せると、イカは肢を鏡に接触させる行動を起こす。これは他の個体を見たときには行わない行動だとしている。イカに繰り返し鏡を見せている生物学者の行動というものも、何とも微笑ましい光景だ。しかし残念ながら、このイカの行動は自己認知に当たる可能性があるものの、確認はできなかったと報告している。

ヒトの赤ん坊は、生後8か月で大人のまねをする。そして鏡に映った自分の姿を自分として理解するためには、一般には2年を待たなければならない。

7　サルが観劇するとき、自己参照ができる

さて、もう一方の時間認識のほうも、発達していった先でレベルを1つ上がった。「エピソード記憶」である。

記憶が単に長期に及ぶだけの「刷り込み」は、サケの稚魚にもあった。加工のしようがない単純な記憶だ。そこから発達してきた哺乳類や鳥類の長期記憶は、個体が繰り返し何度も経験したことが記憶となって固定したものだ。これに対して「エピソード記憶」と呼ばれる記憶がある。1回あっただ

けの出来事の流れを、前後関係を含めて連続して覚えていて、思い出すことのできる記憶だ。

魚や鳥でも、1回だけ経験したことを、それが恐怖を催すような強烈な体験であれば記憶していたという報告があった。またカケスは、実を貯蔵した場所の1つひとつを覚えているだけでなく、その前後関係も覚えている。おそらく、場所細胞が繰り返し発火して思い出させるような反応が起こって、1度しか体験していないにもかかわらず、記憶として固定されるのだろう。

ヒトは1回限りの出来事について、流れの前後関係も覚えていて、その出来事が起こったのは過去のいつごろだったのかということも含めて詳しく追体験することができる。これは、私たちにとって「思い出」ということになる。

私たちの思い出は、鮮明なビジョンとして再生できるものだ。そして思い出を蘇らせる能力は、記憶を道具のように応用することにもつながる。このため、言葉の発達とも相まって、個体から個体に概念として伝達することが可能になった。これは、自分自身の経験の範囲にぴったりと収まって生きるという存在様式ではなく、観念によって自分の時間を超えることだ。

こうした認識の能力は、自分の体験を蘇らせて思い出すだけでなくて、同時に他人の行為を追体験する能力にもつながる。つまり、他人の身に起こったことを、自分の身に置き換えて想像し、エピソードとして追体験することができるようになったのだ。

そこまでの能力を持つのはヒトだけかと思うと、意外にもそうでもないらしい。哺乳類の中には、他者の経験に感情移入することのできるものが登場した。黒灰色をしたクマネズミは、苦しんでいる仲間がいると、助けに行ったり食料を運んできて与えたりする。

さらにチンパンジーを観察している科学者によると、「観劇」の萌芽のような行動さえ見られるという。

一匹のサルが、高い樹の上で、熟したイチジクの実を取ろうとしていた。そのサルは、隣の樹に登って枝を折り、それを棒にしてイチジクの枝を引き寄せようとした。しかしなかなか届かない。仲間のサルたちは、20匹ほどがじっと固唾を飲んで見守った。別のサルに交替したり、木の棒を替えてみたり、何度も何度も失敗した。最後についに一匹のサルが、イチジクの枝を引き寄せて、実を取るのに成功した。そのとき、見守っていたサルたちは、大歓声を上げてひしと抱き合った。成功したサルのほうは、イチジクを食べもせず、樹の上を狂ったように走り回ったという。

人間流に表現すれば、「やんやの大喝采」といったところだろう。見守っていたサルたちは、他者の体験を、エピソードとして客観的に認識し、それを自分の身に引き移して感じることができたのだ。だからこそ、喜んだり、騒いだりした。サッカーの試合に興奮して騒いでいる大観衆も、その起源を辿ればサルのイチジク採りにあるのかもしれない。

こうしてヒトは、自分の体験だけでなく、他人の体験であってもエピソードとして認識し、物語ることができるようになった。

これによってコミュニケーションの質は、飛躍的に向上した。さまざまな人物のさまざまな体験が蓄積されて、広い範囲に伝播する。それは、さらに世代を超えて伝承される。食べてよい植物と食べてはいけない植物、あるいは、薬用となる植物などの膨大な知識の体系が伝承された。生きるための工夫が、エピソード記憶の中から多様に生み出された。物語が創作され、神話、伝承、演劇が生まれた。文化が生まれ、民族・地域による多様性が生まれてきた。

そしていうまでもないことだが、空間認識や時間認識を客体化し、さらに加工して精緻化できたのは、ヒトをおいて他になかった。この地球上に、こうした能力を持つ生物がもう1種類でもいてくれたらと思う。たとえば2万8000年前に絶滅したネアンデルタール人が現在も生きていて発展していたとしたら、ときにはヒトとの対立抗争もあったかもしれないが、芸術や文化・学問を相互に分かち合い、影響し合うこともできたかもしれない。

第10章 ヒト以外の生物にも意識が認められた

四季を巡る私たちの旅も最終コーナーまでやってきた。冬を過ぎて、雪どけの晩に私たちは何を見るだろうか。

北向きの斜面は雪に覆われていて、陽射しを受けてきらきらと真珠色に輝いていた。真っ青で雲一つない昼下がりの冬空に、繊細な半月が銀色に浮かび上がっていた。

くろぐろとした杉の林の下には降り積もった雪が残っているが、梅の枝からはたくさんの芽が吹き出していて、そっと赤く色づいていた。

雪どけの晩に、私たちは冬を過ごしてきたさまざまな生物たちの命を見るだろう。夜の休眠を経て朝になり、冬の休眠を経て春になり、死の休眠を経て誕生する。樹の祠の中で眠るリス。雪原の斜面を走っていく真っ白いウサギ。枯れ木のように葉を落としていても、樹皮の下では花芽の準備をしている木々。その枝に守られているミノムシ。木の根のまわりでは、冷たい土壌のあちこちにカビ・キノコの仲間が活躍している。

身体の脂肪を凍結しないように組み替えて、水中でじっとしている魚たち。弱々しいかじかんだ陽射しが届く範囲で光合成している水藻。それに付着している無数のツリガネムシ。繊毛で水流をつくるツリガネムシに吸い込まれていく細菌たち。その1つひとつの命が、世界を見ている。

そして雪が溶けると、木々は可憐な花々をいっせいにつけることだろう。

1　ケンブリッジ宣言は、ヒト以外の動物にも意識を認めた

長い間、生物学者たちは、意識といったものが動物に存在するか否かを証明することはできないとして、それをテーマにすることはせず、動物の客観的な行動だけを観察の対象とするという態度をとっていた。

しかし21世紀の生物学は、発達した動物の一部には意識の神経基盤があるということを認めるようになってきている。

２０１２年７月７日、英国ケンブリッジ大学チャーチヒル・カレッジで行われたフランシス・クリック記念会議では「ヒトおよびヒト以外の動物における意識」というテーマを掲げて、国際的な科学者のグループが集まった。それは、認知神経学・神経薬理学・神経生理学・神経解剖学、そして計算論的神経科学の専門家たちだった。

彼らは会議の後、「意識に関するケンブリッジ宣言」を発表した。この宣言には、著名な物理学者であるスティーブン・ホーキング（故人）も署名した。この画期的な文章を起草したのは、アメリカ

の神経科学研究所ニューロヴィジル代表のフィリップ・ロウだった。宣言の結論部分は、次のようなものである。

「ヒトのような大脳皮質がなくても、動物は情動を経験することができる。ヒト以外の動物は、神経解剖学的・神経化学的・神経生理学的に見て、意識の基盤を持っており、意思的な行動を示すことができる。証拠が示していることから結論すると、ヒトは意識を生み出す神経基盤を持つ唯一の存在ではない。哺乳類、鳥類、そしてタコを含む多くの他の動物も、同様にこうした神経基盤を持っている。」(The Cambridge Declaration on Consciousness/ Francis Crick Memorial Conference, Cambridge, UK, July 7th 2012)

要約していえば、ヒトだけでなく、ヒト以外の哺乳類、鳥類、タコなどの動物にも意識をもたらす神経基盤があるということだ。

これまでの常識を覆す驚くべき結論だが、こうした結論を導き出す根拠として、「意識に関するケンブリッジ宣言」では、以下に述べる4つのことを挙げた。

1つめは、脳の神経回路がヒトとヒト以外の動物で類似しているということだ。神経回路のある部分を遮断したり、遺伝子が働かないようにするなどさまざまな操作を加えることによって、動物もヒトも知覚ができなくなったり、あるいは逆に促進したりする。

第2は、大脳皮質と感情の関係だ。大脳皮質は哺乳類になってから出現した。そしてヒトで特に大きくなったので、従来は大脳皮質がなければ意識のように複雑な働きは生まれてこないものと考えられていた。しかし動物の感情についての神経基盤は大脳皮質ではなくて、それよりももっと下にある神経回路に存在していることが分かってきた。

そうした大脳皮質よりも下の脳領域を刺激すると、ヒトでも動物でも、快感や不快・苦痛といった感情を経験することが明らかになった。その神経回路の構造もヒトと動物でよく似ており、大脳皮質が失われてしまった場合でも、こうした快・不快などの感情を感じ取ることは可能である。

第3は、鳥類の脳との関係だ。鳥類は恐竜から進化したのであって、ヒトの属する哺乳類とは全く別の系統に位置している。それにもかかわらず鳥は、ヒトや哺乳類ときわめて似た意識の状態を示している。

アレックスという名前のヨウムを飼っていた動物学者イレーヌ・ペッパーバーグによると、アレックスはヒトの言葉を理解し、ヒトと会話をすることができたのだという。

また哺乳類には大脳皮質があるが鳥類にはないので、脳の神経回路が一見異なって見える。しかし研究が進むにつれて、構造は類似していることが明らかになってきた。さらに鳥の睡眠中の脳波には、ヒトと同じようなレム睡眠が見られる。その他の脳神経の活動パターンも類似している。

鏡の像を見て自分を認識できるかどうかの実験では、哺乳類でさえもチンパンジー、イルカ、ゾウなど一部の種にしかできなかったのに、カササギのようにそれができた鳥がいた。

最後に第4の根拠は、薬物との関係である。神経を撹乱するLSDなどの薬物を投与すると、ヒトは知覚や行動に混乱が生じる。これと同じように、ヒト以外の動物でも、薬物投与によって混乱が生じる。従来は認知を司る大脳皮質が撹乱されるからそうなるのだと考えられてきたが、大脳皮質のない、あるいは発達していない動物であっても、同じように行動が混乱する。

これは、大脳皮質の下にある神経回路に薬物が影響しているからだ。このことから分かるのは、行動を誘発する原初的な情動を生むのは、大脳皮質ではなくて、むしろその下にある神経回路なのだろうということだ。

以上が「意識に関するケンブリッジ宣言」の概要である。

現代の最先端の科学的知見を動員することによって、ヒト以外の動物にも私たちヒトと同じような意識があり、そのための神経基盤を持っているということが結論づけられた。

ペッパーバーグのヨウムのように、1つひとつの事例は昔から知られてきたものがあった。しかしここに至って、あらゆる事例がさまざまな分野から総動員されて、集大成されたものといえる。したがって、「意識に関するケンブリッジ宣言」は、今後の生物学にとって画期的なものとして足跡を残すことになるだろう。

2　タコ・昆虫にも意識の神経回路がある

ケンブリッジ宣言の結論の中で、脊椎動物以外で唯一例示される栄誉を担ったのは、軟体動物のタコだった。タコの神経細胞は3億個から5億個もあると推定されており、これはネズミの2億個よりも遥かに多い。

タコはビンの蓋を回して開けて、中に入っている食物を取り出すことができる。これはサルにもできないことだ。ヒトの赤ん坊でもなかなかできるようにはならない。驚くべきことに、タコはビンの中に閉じ込められると、内側からくるくると蓋を回して外に脱出することさえできる。

20世紀末に発見されたミミック・オクトパスは、ウミヘビ・カサゴ・シタビラメなど毒を持つ動物に擬態したり、イソギンチャク・シャコなど危険な動物に擬態したりして、全部で40種類以上もの擬態ができる。細かな状況に応じて多数の使い分けができるのは、本能だけではなくて、経験に基づく知能も働かせた結果なのに違いない。

さて、昆虫はどうだろうか。昆虫はケンブリッジ宣言の結論部分には登場しないものの、1か所だけ宣言の根拠を述べる部分の中で登場するところがある。それは、ヒトや哺乳類の大脳皮質だけが感情の基盤ではないと述べているくだりだ。

感情については快・不快の感覚がある。報酬にありつけば快感を感じ、罰を受ければ不快を感じる。これらを感じる神経回路は、何も哺乳類になって初めて誕生したものではないというのだ。

本書でも見てきたとおり、確かに昆虫にはみごとな空間・時間認識があり、それに基づく行動があった。ケンブリッジ宣言では、何かに注意をすること、睡眠を取ること、そして何かを判断することの3つを、意識に関する特徴としてとらえる。そして昆虫やタコといった無脊椎動物がこの世に登場し、種々の系統に分かれて進化した時期には、すでにそうした神経回路はあっただろうと推定している。

脊椎動物だけでなく昆虫やタコにも意識があるというのは、トッド・E・ファインバーグとジョン・M・マラットが『意識の進化的起源』（鈴木大地訳、勁草書房）という著作の中で出した結論とも符合する。

無脊椎動物が分かれて進化した時期というのは、7億年から5億年前の間の時期だ。その頃にはすでに意識の神経基盤ができていたというのだ。本書で見て来た動物でいえば、エディアカラ動物のスプリッギナあたりがその最初の頃のものに当たるかもしれない。スプリッギナは、もしかするとすでに意識を集中したり、眠ったり、判断したりするような心的作用を持っていたかもしれないということになる。

3 空間・時間の認識は階層をなして進化してきた

「意識に関するケンブリッジ宣言」では、脳の神経回路が重視されている。しかし脳のような複雑な神経回路が登場するまでには、これまでに見てきたように、それ以前にも神経細胞のネットワークが形成されていく長い歴史があったことは間違いない。

ここで、本書で見てきた空間認識と時間認識を振り返りながら、それを階層として辿ってみよう。

まず、生命の最も原初的な形態である大腸菌には、外界信号について「分子の多数決」を行うことによる空間認識があって、そこで循環する分子秩序が時間認識を形成した。一瞬一瞬の認識である。

第2に、ゾウリムシのような核のある細胞の生物になると、多数の繊毛や体内の小器官が連携する

「細胞内部のネットワーク」が1次元的な空間認識を担った。さらに時間認識としては「生物時計」が登場した。空間を自在に動き回り、生物時計も利用して浮いたり沈んだりする多様な行動が可能となった。

第3に、もう1つ階層を上がって多細胞生物になると、細胞と細胞が対話し、共同して社会をつくっていた。そこでは、植物・カビ・キノコ・カイメンといった生き物が「体液共有」によって1次元的な空間認識を持ち、また時間認識も「体液共有」によってもたらされていた。

そこからさらに先へと階層を上がるためには、動物界での神経系の登場を待たなければならなかった。したがって第4は、クラゲ・ミミズといった動物であり、「神経系」で2次元的な空間を認識した。そして時間認識としては先祖から受け継いだ「本能」が登場した。動物は、環境の変化に適合した素早い運動をするようになった。

もう一段階層を上がると、第5に昆虫などの脳の空間認識に3次元的な「内的地図」が登場する。また時間認識としては、「短期記憶」が誕生した。これによって広大な空間を見渡して脳の中で再現し、しかもそれを短期間ながら覚えられるようになった。このあたりで、「ケンブリッジ宣言」のいう「意識の神経基盤」が登場してきたということになるのだろう。

第6に、脊椎動物では脳が巨大化し、3次元的な空間認識がさらに発達して「内的地図の重層化」が行われるようになった。時間認識では「長期記憶」が可能となった。こうして魚・鳥・哺乳類など私たちと似ていて共感できる者たちの複雑な認識になっていった。

そして最後の第7の階層では、大脳皮質がさらに発達することによって、眼の前にない空間を認

表　空間・時間認識の階層

	階層	代表的な生物	身体の器官	空間認識	時間認識	登場した時期（推定）
原核生物	1	大腸菌	受容器	分子の多数決（1次元）	分子の多数決	38億年以上前
真核生物	2	ゾウリムシ	細胞内小器官	細胞内部のネットワーク（1次元）	生物時計	20億年以上前
多細胞生物	3	植物・菌類・カイメン	細胞架橋（原形質連絡など）	体液共有（1次元）	体液共有	12億年前
多細胞動物	4	クラゲ・ミミズ	神経系・神経節	神経ネットワーク（2次元）	本能	6億年前
同上	5	昆虫	脳・神経節	内的地図（3次元）	短期記憶	5億年前
同上	6	魚・鳥・哺乳類	巨大化した脳	内的地図の重層化	長期記憶	4億年前
同上	7	ヒトなど	発達した大脳皮質	想像力	思い出	ヒトなら600万年前

識する「想像力」や、眼の前にない時間を再現する「思い出」が可能となった。

このように生物界を階層的に見て来た事実を踏まえれば、入力信号の総体としての感覚世界の起源は、ケンブリッジ宣言が対象とした動物の神経回路よりももっとさかのぼって考えてもよいものと考えられる。それは、意識の前の段階の「何らかの主体的な認識」なのかもしれないが、存在することは事実だ。

生物界の階層は、連綿とした入れ子構造なのであって、複雑なものがあるとき突然に一挙に登場してくるといったことはない。

したがって、ずっとさかのぼれば、1つひとつの細胞が相互作用を行うようになった時期に大元の起源があるはずだ。多細胞生物の登場がそれだとすれば12億年前の頃ということになる。さらに単細胞生物同士の相互作用を含めるとすると、それよりも遥かに以前ということになるだろう。38億年以上前とされる世界共通祖先の細胞にも、その最も初歩的な先駆けのようなものはあったはずだ。

ヒトの意識のような複雑な作用についても、それを構成する以前に連綿と続く下位の作用の何重もの階層があったということだろう。そしてその最も下位の階層にあるものが個々の細胞の感覚なのであり、それが空間認識や時間認識の基本単位となって、やがて徐々に上位の階層を形成していったものと考えられる。

4　世界は1つに見えているか

外界は1つだ。私たちヒトの個体としての感覚世界では、外界は1つのものとして認識されている。たとえば、眼は左右に2つあって、それぞれの網膜は、異なった外界を投影している。そして、網膜上では映像は逆さまに映っている。それにもかかわらず、外界は1つに見え、逆さまではなくて、正常な方向の映像に見える。

なぜそうなるかというと、生まれたときから脳が外界を見ている結果、外界の映像は1つであって、方向は正常方向であるという具合に調整するからだ。

ヒトの眼底には盲点がある。盲点には、血管や神経が集まり、視細胞がないため、映像が結ばれていない。それにもかかわらず、ヒトの視覚では、外界の一部がすっぽりと欠けているようには見えない。脳が視覚像を補っているのだ。

眼の中の視細胞には、色彩だけを感知する細胞と明暗だけを感知する細胞がある。色彩だけを感知する細胞は、網膜の中心部に集中している。他方、明るさだけを感知する細胞は、網膜の縁辺部に位置し、色彩を感知することができない。つまり眼は、中心部で色彩を見て、縁辺部では明るさだけを見ている。それにもかかわらず、視覚の映像は端の方が白黒にならずに、真ん中だけでなく全体に色彩がついている。

眼が外界を見るのではなくて、見るのは脳なのだ。脳は、感覚器が投影したものをそのまま見るのではない。情報を解釈し総合して映像化したものを見ている。

視覚に映じた個々の情報は、脳の中でいったん明るさ・色彩などの断片にまで分割される。神経細胞ニューロンの1つひとつが、情報の断片を受け持つ。色彩なら青色・緑色・赤色を別個の神経細胞が担当する。また、動き・輪郭・明暗変化というように、神経細胞ごとに細かく役割が専門化する。それぞれの細胞の興奮によって情報が伝達され、脳で再び統合されて1つの視覚像となる。

視覚だけではない。聴覚・嗅覚・触覚など他の情報も、すべて統合されて、1つの外界の情報として解釈される。

夜の世界で活躍するメンフクロウは、大きなお面のような顔にある窪みがパラボラアンテナのようになっている。そこで音を集約して、耳の聴覚で外界を立体的に感知する。眼の視覚情報と耳の聴覚

メンフクロウ（Wikimedia commons, Author TANAKA Juuyoh（田中十洋））

情報は、どちらも脳の視覚中枢（中脳）に集まって処理される。眼と耳から入力された情報は統合されて、1つの内的地図として認識される。

フクロウに視覚像が右にずれる眼鏡を掛けさせると、視覚の像だけがずれていて、聴覚の像がずれていない状態になる。最初はフクロウはやや混乱して行動がとりにくくなる。しかし眼鏡を掛けたままにしていると、42日後、聴覚の像もずれて視覚の像と重なった。脳が調整したのだ。

感覚入力信号を統合して、世界を1つのものだと決める。脳にはこうした適応の能力がある。

昆虫の複眼も、何万と並んだ個眼の1つひとつにレンズがあり、網膜があるものの、全体で1つの視覚像を見ている。左右2つの眼であれ、昆虫の何万の複眼であれ、結局のところ、感覚世界となって現れる外界は、1つなのだ。

脳や神経系がなければ、外界の情報が総合できないわけではない。ゾウリムシなど単細胞生物には神経系はないが、感覚世界は、やはり1つに統合されているはずだ。獲物を捕えたり、外敵と闘ったり、有性生殖の相手とくっついたりすることができるのは、外界の情報を総合化して把握できるからだと考えられる。もちろん外界から得る情報は、生活様式に必要な範囲でよい。それは、ゾウリムシなりの単純な生活様式に適合して、彼らに必要な範囲で統合されていることだろう。

神経系は情報を調整して統合することが得意な専門家集団だが、もともとは1つの受精卵が分裂を繰り返しながら分化してきたものだ。あらゆる専門家集団は、専門化する前の祖先の細胞から、そうした能力の基礎を受け継いでいる。

したがって、あらゆる細胞には統合する能力が備わっていると考えるべきだろう。感覚世界として外界を感覚し、統合する力が、専門化する前の細胞の基礎的な能力として存在する。

生命からしか生命が生まれないのは、生殖を担当する細胞が生きた全体のままで親から子へと移行するからだ。生命はそのつど新しくつくられるのではなくて、親の生殖細胞が子に伝わり、1本の細い糸のように連続して連なっていく。

そして生きた個々の細胞には、感覚世界がある。生命が親から子へと連なっていくにつれて、感覚世界もまた親から子へと丸ごと受け渡されていく。そして受精卵の感覚世界は、細胞分裂によっていくつにも増殖する。

私たちが持っている複雑な意識もまた、こうやって単細胞レベルの感覚世界が発展したものだと考えられる。原子が組織化して分子となり、膨大な分子の集団がぐるぐると循環して生命となり、そこに心的要素が懐胎する。意識といえども進化の過程で無から突然に発生したのではない。意識は、原初の生物体が持っていた感覚世界が、階層をなして成長し発展してきたために、やがて形成されてきたものと考えるべきなのだろう。

生物界は原核生物から真核生物へ、それから多細胞生物の植物・菌類・動物へ、さらに動物界の中ではクラゲ・ミミズから、昆虫・タコ、あるいは魚・鳥・哺乳類へと、たくさん放射状に分岐してきた行列だ。

その行列は、世界共通祖先から始まり、何十億年ものときを経て親から子へと連続してきたひとつながりの空間的・時間的な網の目になっている。ヒト集団は、決して最上位にいるわけでも、独立した特別な存在でもなくて、この複雑に絡み合った網の目上にある1つの結節点にすぎない。

微小な生物から巨大な生物まで、あるいは単純な生物から複雑な生物まで、あらゆる生物に感覚があり、主体性がある。そのような認識がないままでは、自然の真の姿は見えてこないし、ヒト集団による自然生態系への働きかけも、きちんと生物界に貢献するものにはならないだろうと私は考える。

新しい地平線が見えてきている。私たちヒト集団が、地球生態系を危機に陥れる未開人のままで終わるか、賢人となることができるのか。その境目に今、私たちは立っているのだろう。新しい地平線の向こうに見えるのは、泡立ち渦巻きながら世界との相互作用に絶え間なく脈打ち続けている、主体性を持った生命像だ。

そして生物たちが何十億年もの間、連綿とこの世界を次の世代に継承することに成功してきたように、私たちもまた、子供たちの子供たちの子供たちへとこの世界を引き継いでいかなければならないのだ。

あとがき

日本には古来、「一寸の虫にも五分の魂」という言葉がある。またやや仏教的な言葉として「山川草木悉皆成仏」という言葉があるが、これも日本独特の表現なのだという。人や獣や鳥はもちろんのこと、昆虫や草木といった生物にも心的な要素を認めて尊重するというのが、日本人の昔からの自然観だったことが分かる。

西洋諸学では、古くはアリストテレスが動物は痛み・空腹を感じる単純な頭脳しか持たないとし、20世紀の生物学までは生物を擬人的にとらえるのは愚か極まりないと決めつけていた。そこでは「他の生物種に置き換わって直接体験することができない以上、心的な要素のあるなしについては、証拠がない」という不可知論の立場に立っていた。そして、20世紀の生物学までは、生物を外形的な行動や構造からだけ分析するという立場が長く続いてきた。

ユクスキュルや今西錦司は、動物の観察を通じて個体が持っている主観的な世界について述べたが、生物学の本流からは観念論的だと批判された。生物界を階層として分析した団まりなは、『細胞の意思』（2008）という著作を著し、動物どころか細胞の1つひとつに主観的な「意思」があると主張したが、学界からは異端と見なされたまま没した。

しかし、21世紀の生物学は大きく舵を切りつつある。20世紀には遺伝子万能主義、分子生物学の要素還元主義が支配していたが、21世紀にはそれを超える新しい地平線が、ゆっくりとではあるが徐々に姿を現わし始めている。

20世紀は遺伝子万能主義の時代だったといえるだろう。1901年にド・フリースが唱えた突然変異説は、ダーウィンの自然淘汰説と組み合わせると、生物進化のすべてを説明できるように見えた。また1953年にワトソンとクリックがDNAの構造を発表すると、それがあまりにもみごとだったので、生物界のすべての現象が説明できるように見えた。

遺伝子の発見という巨大な知的衝撃が、20世紀を震撼させ、それが基礎となって分子生物学の壮麗な宮殿が打ち立てられた。

有機分子から生物の機能を分析するという要素還元主義的な手法が次々と開発され、新たな事実が次々と明るみに出て、広大な領域が開けていった。しかし一方で、生物が要素に還元されればされるほど、生物の主体性というものは打ち捨てられざるをえなかった。

ところが、世紀の境目2001年に発表され、2003年に完了したヒト・ゲノムの解読あたりから、分子生物学そのものも本質的な変容を余儀なくされざるをえなかったものと考えられる。1つの遺伝子配列から何通りものタンパク質ができるのはなぜか。それは遺伝子配列に情報が存在するだけでなく、その配列を読み取る細胞の側にも情報が存在するからに違いない。

その「読み取り系」とでもいうべき遺伝子外のシステムは、細胞が経験したことによって影響を受ける。獲得形質は遺伝する。20世紀には例外的なものとして知られているにすぎなかった事実が、新たな地平線として浮上し、「エピジェネティクス」（後成遺伝学）という学問分野が形成されるに至っている。

それればかりではない。大腸菌の章で見たように、遺伝子は生物から生物に水平移動する。また遺伝子はそのままで2倍、4倍にと重複することもある。脊椎動物になってからは、ゲノムが2回重複を起こしたことによって身体構造が複雑化した。さらには細胞内で生物と生物が共生すると、何重にも重なり合った生物が誕生することがある。このように必ずしも遺伝子の突然変異が先行したのではない生物進化の事象が、次々と確認されてきた。

親から子へ引き渡すものも、分子レベルで遺伝子が継承されるだけではない。細胞レベルでは細胞質や小器官も継承するし、個体レベルでは生息環境も親から子へ相続する。

遺伝子の分子的な振る舞いだけですべてを説明することは、もうできなくなっているのだ。

自然界の事象を真に理解しようとすれば、細胞の相互作用、あるいは生物が相互作用するネットワークを探究しなければならないだろう。そこでは、細胞を見る場合にも、要素還元的な手法だけではなくて、生態学と同じような面的な思考が欠かせないものと考えられる。

さまざまなネットワークが形成する階層というものをどこまでも辿っていくと、その基礎の部分には個々の細胞が持っている感覚世界がある。そこに幅広い選択の自由度があって、それを決定している細胞の主体性というものに行き着かざるをえない。

「意識に関するケンブリッジ宣言」は、21世紀の生物学が激しく変化していく潮流の中にあって、新たな重要な一歩を記したものとなった。遺伝子やタンパク質といった化学分子からのボトムアップだけでなく、意識といった最も複雑でつかみがたいものからトップダウンしていくこともまた、生物学の課題となったのだ。

アリストテレスの時代から数えて20数世紀もの後、ようやく自然科学は日本古来の「一寸の虫にも五分の魂」といった観念に辿り着いたという言い方もできるかもしれない。


本書では、さまざまな生物の感覚に思いを馳せてきた。生物の感覚に思いを馳せたからといって、いうまでもないことだが、動植物を食するときに「生物が可哀そうだ」とか、「痛かっただろう」などと考える必要はない。それはむしろ、生命に対する正しい見方ではないと思う。

地球上では、世界共通祖先から始まった多様多彩な色とりどりの生物たちが、それぞれに食物連鎖の網の目のどこかに位置づけられていて、他の生物に栄養を与えたり、栄養をもらったりして生きている。

ダーウィンの自然淘汰の考え方が示しているように、生物たちは一見競争し合っているかのように見える。しかし一方で、生物たちは群れになり、協調し、さらには共生し合って暮らしていることもまた事実だ。競争が遠心力だとして、協調が求心力だとすれば、個々の生物はこれらの力がバランスした地点に存在を許されているということになるだろう。たとえていえば膨大な網の目のうち、結び目の1つに力の均衡するポケットがあって、そこにはまり込んでいるようなものなのだろう。

生物圏よりも1つ高い視点から見れば、競争と協調、離散と集合、遠心力と求心力というものは、いずれも生物たちの相互作用のうちのある側面にすぎない。そして有機物が相互作用しながらぐるぐると循環し合っている場所は、現在のところ宇宙の中で地球しか知られていない。地上は、この宇宙の中で極端に特別な場所なのだといってもよいだろう。

古代ウパニシャッド哲学は、次のようにいっている。

「今貴師方はこの全一なる一切人我を種々特殊のものであるかの如く認知することによって食を得ておられる。だが、もしもこの一切人我を全宇宙に等しく、超限定的なものとして崇信するならば、一切の世界、一切の生類、一切の自我の裡に在って食を享けることができましょう。」(『ウパニシャッド』佐保田鶴治、平河出版社)

これは、細胞も生物の進化も知らない時代の賢者の直観だった。今私たちは自然科学の知識によって、細胞も遺伝子もそれらの進化もある程度のことは知っている。その持てる知識を総動員してみると、「一切の生類のうちにあって食を受ける」という教えの意味がより深く腑に落ちる。

私たちがふだん何気なく食べている皿の上の食事も、1つひとつは細胞からできている。そしてその細胞は、38億年以上前の世界共通祖先から出発して、連綿として永劫ともいえるほどの長大な時間を生き続け、今この瞬間に私たちと一緒に生き続けている生命から成っている。

私たちがそれを食することは、この宇宙の中の極端に特殊な場所で、生命と生命が相互作用し合って、新しい生命を生み出し続けている営みなのだと考えてよいのではないだろうか。

私は発生生物学者・団まりな氏に師事して以降19年間、団氏の設立した階層生物学研究ラボの研究員として学んできた。異端の生物学者だった団氏には『生物の複雑さを読む』(平凡社、1996年)をはじめ5冊の著作があり、生物界を階層的に分析する方法論を展開していたが、2014年、交通事故によって帰らぬ人となってしまった。

私は大学の研究者ではないものの、農林水産政策にかかわる行政官として、団氏とは異なった立場から生物に深くかかわり続けてきた者であり、師の志を継いで階層生物学の考え方を深め広めたいと考えて、本書を執筆した。

故・団まりな先生とその伴侶である惣川徹氏、本書の出版を決定いただいた新曜社・塩浦暲社長に心から感謝を申し上げたい。また、多数の著書があって私に助言をしてくれた津田倫男氏、私の探究生活を支えてくれている妻・可奈子に感謝の意を表したい。

『イカの心を探る：知の世界に生きる海の霊長類』池田譲, NHK 出版, 2011
『人とサルの違いがわかる本』杉山幸丸編著, オーム社, 2010
『人間の由来』河合雅雄, 小学館, 1992
『赤ちゃんがヒトになるとき』中村徳子, 昭和堂, 2004

第10章

The Cambridge Declaration on Consciousness. Francis Crick Memorial Conference, Cambridge, UK, July 7th, 2012
『愛しのオクトパス』サイ・モンゴメリー／小村由香利訳, 亜紀書房, 2017
「ミミックオクトパス」JT 生命誌研究館『生命誌85』, 2015
『海辺で出遭うこわい生きもの』山本典暎, 幻冬舎コミックス, 2009
『自己デザインする生命』J・スコット・ターナー／長野敬・赤松眞紀訳, 青土社, 2009

全般・その他

『生物の複雑さを読む』団まりな, 平凡社, 1996
『細胞の意思』団まりな, 日本放送出版協会, 2008
『カラー図解 アメリカ版大学生物学の教科書 第1巻・細胞生物学／第2巻・分子遺伝学／第3巻・分子生物学』D. サダヴァ他著／石崎泰樹・丸山敬監訳・翻訳, 講談社, 2010
『カラー図解 アメリカ版大学生物学の教科書 第4巻・進化生物学』D. サダヴァ他著／石崎泰樹・斎藤成也監訳, 講談社, 2014
NEWTON. 1994.12, 1998.7.9.10, 2001.10.11, 2002.9, 2004.12, 2007.2.3, 2014.6, 2017.4, ニュートンプレス
『スクール図解百科事典・動物Ⅰ』今泉吉典著者代表, 講談社, 1966
『生物学辞典』石川統・黒岩常祥・塩見正衞・松本忠夫・守隆夫・八杉貞雄・山本正幸編集, 東京化学同人, 2010
『哲学は人生の役に立つのか』木田元, PHP 研究所, 2008
『日本人の思惟方法』中村元, 春秋社, 1989
『ウパニシャッド』佐保田鶴治, 平河出版社, 1979

主要参考文献

はじめに

『生物から見た世界』ヤーコプ・フォン・ユクスキュル, ゲオルク・クリサート(1934)／日高敏隆・羽田節子訳, 岩波書店, 2005

第1章

『動物の環境と内的世界』ヤーコプ・フォン・ユクスキュル（1909）／前野佳彦訳, みすず書房, 2012

『ゾウリムシ』吉田丈人監修, ほるぷ出版, 2017

『アメーバのはなし』永宗喜三郎・島野智之・矢吹彬憲編, 朝倉書店, 2018

『細胞の分子生物学（上）（下）』ブルース・アルバーツ, デニス・ブレイ, ジュリアン・ルイス, マーティン・ラフ, キース・ロバーツ, ジェームズ・D・ワトソン／中村桂子・松原謙一監訳, 教育社, 1985

『やさしい日本の淡水プランクトン：図解ハンドブック』一瀬諭・若林徹哉監修, 合同出版, 2005

『太古からの9＋2構造』神谷律, 岩波書店, 2012

『水中微小生物図鑑Microbio-World』見上一幸監督・制作, 宮城教育大学環境教育実践研究センター, 2002

『ゾウリムシの遺伝学』樋渡宏一編, 東北大学出版会, 1999

『原生動物の観察と実験法』重中義信監修, 共立出版, 1988

『アポトーシスとは何か』田沼靖一, 講談社, 1996

『ゾウリムシの性と遺伝』樋渡宏一, 東京大学出版会, 1982

『さまざまな神経系をもつ動物たち』日本比較生理生化学会編／小泉修担当編集, 共立出版, 2009

『生体電気信号とはなにか』杉晴夫, 講談社, 2006

『単細胞動物の行動』内藤豊, 東京大学出版会, 1990

『単細胞生物の重力感覚』馬場昭次, JAXA 宇宙科学研究所HP・ISAS ニュース, 1998

『研究者が教える動物飼育 第1巻　ゾウリムシ, ヒドラ, 貝, エビなど』日本比較生理生化学会編, 共立出版, 2012

『藻類30億年の自然史』井上勲, 東海大学出版会, 2006

『見える光, 見えない光：動物と光のかかわり』日本比較生理生化学会編, 共立出

版, 2009
『原生動物学入門』ハウスマン／扇元敬司訳, 弘学出版, 1989
『生命の跳躍』ニック・レーン／斉藤隆央訳, みすず書房, 2010
『生命とは何か』金子邦彦, 東京大学出版会, 2003
『分子神経生物学』C. U. M. スミス／小宮義璋・熊倉鴻之助・黒田洋一郎訳, オーム社, 1994
『図解・感覚器の進化』岩堀修明, 講談社, 2011
『細胞社会とその形成』江口吾朗・鈴木義昭・名取俊二編, 東京大学出版会, 1989
『発生・神経』中村敏一編, 羊土社, 1996

第2章

『生命を支えるATPエネルギー』二井將光, 講談社, 2017
『あなたの体は9割が細菌』アランナ・コリン／矢野真千子訳, 河出書房新社, 2016
『マイクロバイオームの世界』ロブ・デサール, スーザン・L・パーキンズ／斉藤隆央訳, 紀伊國屋書店, 2016
『サイエンス・ナウ』立花隆, 朝日新聞社, 1991
『大腸菌』カール・ジンマー／矢野真千子訳, 日本放送出版協会, 2009
『心はなぜ進化するのか』A. G. ケアンズ-スミス／北村美都穂訳, 青土社, 2000
『生物のスーパーセンサー』津田基之編集,「バクテリアの温度センサー」川岸郁朗,「バクテリアの光センサー」加藤直樹, 共立出版, 1997
『細胞はどのように動くか』太田次郎, 東京化学同人, 1989
『エンジニアから見た植物のしくみ』軽部征夫・花方信孝, 講談社, 1997
『腸は考える』藤田恒夫, 岩波書店, 1991
NATURE. Vol.542. Issue No.7640, 2017.2.9
『動物の「超」ひみつを知ろう』ジュディス・ハーブスト／山越幸江訳, 晶文社, 1994
『死なないやつら：極限から考える「生命とは何か」』長沼毅, 講談社, 2013
『われに還る宇宙：意識進化のプロセス理論』アーサー・M・ヤング／スワミ・プレム・プラブッダ訳, 日本教文社, 1988
『協力と裏切りの生命進化史』市橋伯一, 光文社, 2019
『生命とは何だろうか』J. ド・ロネイ／菊池韶彦訳, 岩波書店, 1991
NATURE. Vol.549, Issue No.7673, 2017.9.28
『地中生命の驚異』デヴィッド・W・ウォルフ／長野敬・赤松眞紀訳, 青土社, 2003

『生命はいつ，どこで，どのように生まれたのか』山岸明彦，集英社インターナショナル，2015
『進化：分子・個体・生態系』ニコラス・H・バートン他／宮田隆・星山大介監訳，メディカル・サイエンス・インターナショナル，2009

第3章

『生物の心とからだ』ガイ・マーチー／吉松広延・熊谷寛次・吉松広子・鈴木善次訳，白揚社，1986
『植物的生命像』古谷雅樹，講談社，1990
『自己創出する生命』中村桂子，哲学書房，1993
『自己組織化する宇宙』エリッヒ・ヤンツ／芹沢高志・内田美恵訳，工作舎，1986
『アポトーシスとは何か』田沼靖一，講談社，1996
『進化で読み解くふしぎな生き物：シンカのかたち』遊磨正秀・丑丸敦史監修／宮本拓海イラスト／北海道大学CoSTEP サイエンスライターズ，技術評論社，2007
『植物はそこまで知っている』ダニエル・チャモヴィッツ／矢野真千子訳，河出書房新社，2013
『生物時計はなぜリズムを刻むのか』ラッセル・フォスター，レオン・クライツマン／本間徳子訳，日経BP 社，2006
『植物の体の中では何が起こっているのか』嶋田幸久・萱原正嗣，ベレ出版，2015
『身近な雑草のゆかいな生き方』稲垣栄洋，草思社，2003
『ネイチャー・ワークス：地球科学館』青木薫・山口陽子監訳，同朋舎出版，1994
『アリはなぜ一列に歩くか』山岡亮平，大修館書店，1995
『動物と植物の利用しあう関係』川那部浩哉監修／鷲谷いづみ・大串隆之編，平凡社，1993
『植物は「知性」をもっている』ステファノ・マンクーゾ，アレッサンドラ・ヴィオラ／久保耕司訳，NHK 出版，2015
『樹木社会学』渡邊定元，東京大学出版会，1994
「植物生体情報システム」三輪敬之『精密機械』50巻11号，1984
NATURE. Vol.556, Issue No.7700, 2018.4.12
NATURE. Vol.553, Issue No.7688, 2018.1.18
NATURE. Vol.561, Issue No.7722, 2018.9.13
『植物たちの戦争』日本植物病理学会編著，講談社，2019
『生物のからだはどう複雑化したか』団まりな，岩波書店，1997

第４章
『キノコの世界』伊沢正名, あかね書房, 2005
『人類とカビの歴史』浜田信夫, 朝日新聞出版, 2013
『キノコの不思議な世界』エリオ・シャクター／くぼたのぞみ訳, 青土社, 1999
『絶滅古生物学』平野弘道, 岩波書店, 2006
『DNA からみた生物の爆発的進化』宮田隆, 岩波書店, 1998
『菌類の生物学：生活様式を理解する』D. H. ジェニングス, G. リゼック／広瀬大・大園享司訳, 京都大学学術出版会, 2011
『きのこの一生』堀越孝雄・鈴木彰, 築地書館, 1990
『キノコの不思議』森毅編, 光文社, 1986
『菌類の系統進化』寺川博典, 東京大学出版会, 1978
『菌類の生物学』日本菌学会企画／柿嶌眞・徳増征二責任編集, 共立出版, 2014
『植物の魔術』ジャック・ブロス／田口啓子・長野督訳, 八坂書房, 1994
『動物大百科14 水生動物』A・キャンベル編／山田真弓監修, 平凡社, 1987
『植物たちの秘密の言葉』ジャン=マリー・ペルト／ベカエール直美訳, 工作舎, 1997
『アリはなぜ一列に歩くか』山岡亮平, 大修館書店, 1995

第５章
『ミミズと土』チャールズ・ダーウィン／渡辺弘之訳, 平凡社, 1994
『ミミズの謎』柴田康平, 誠文堂新光社, 2015
『ミミズの博物誌』ジェリー・ミニッチ／河崎昌子訳, 現代書館, 1994
『ミミズのいる地球』中村方子, 中央公論社, 1996
『いのちとリズム』柳澤桂子, 中央公論社, 1994
『いくつもの目：動物の光センサー』河合清三, 講談社, 1984
『進化：生命のたどる道』カール・ジンマー／長谷川眞理子日本語版監修, 岩波書店, 2012
『動物の系統と個体発生』団まりな, 東京大学出版会, 1987
『海の極限生物』スティーブン・パルンビ, アンソニー・パルンビ／片岡夏実訳／大森信監修, 築地書館, 2015
『生物の進化大図鑑』マイケル・J・ベントン他監修／小畠郁生日本語版総監修, 河出書房新社, 2010
『三葉虫の謎』リチャード・フォーティ／垂水雄二訳, 早川書房, 2002
『眼の誕生』アンドリュー・パーカー／渡辺政隆・今西康子訳, 草思社, 2006
『見る』サイモン・イングス／吉田利子訳, 早川書房, 2009

『動物は世界をどう見るか』鈴木光太郎, 新曜社, 1995
「神経系の起源と進化：散在神経系よりの考察」小泉修『比較生理生化学』Vol.33, No.3, 2016
『無脊椎動物の発生（上）』団勝磨ほか共編, 培風館, 1983
『七つの海の物語』中村庸夫, データハウス, 1995
『生物時計』J. L. クラウズリー=トンプソン／餌取章男訳, 同文書院, 1981
『きちんとわかる時計遺伝子』産業技術総合研究所, 白日社, 2007
「シアノバクテリアの体内時計：時計タンパク質が時間を刻むメカニズムを解明」名古屋大学学術研究・産学官連携推進本部（北山陽子）, 2014
「シアノバクテリア概日リズムの分子機構を数理的に解明する」今村（滝川）寿子・望月敦史『生物物理』48, 2008
『からだの中の夜と昼』千葉喜彦, 中央公論社, 1996
『昆虫の脳を探る』冨永佳也編, 共立出版, 1995
『意識はいつ生まれるのか』マルチェッロ・マッスィミーニ, ジュリオ・トノーニ／花本知子訳, 亜紀書房, 2015
『線虫』小原雄治編, 共立出版, 1997
『はじめに線虫ありき』アンドリュー・ブラウン／長野敬・野村尚子訳, 青土社, 2006
『生命と宇宙』小林道憲, ミネルヴァ書房, 1996

第6章

「昆虫のナビゲーション戦略を支える記憶」弘中満太郎『比較生理生化学』Vol.25, No.2, 2008
「昆虫の偏光コンパスの神経機構」佐倉緑『比較生理生化学』Vol.32, No.4, 2015
『ミツバチの世界』ユルゲン・タウツ, ヘルガ・ハイルマン／丸野内棣訳, 丸善, 2010
『野生ミツバチとの遊び方』トーマス・シーリー／小山重郎訳, 築地書館, 2016
『ニホンミツバチ』佐々木正己, 海游舎, 1999
『昆虫はスーパー脳』山口恒夫監修, 技術評論社, 2008
『昆虫：驚異の微小脳』水波誠, 中央公論新社, 2006
『動物の見ている世界』ギヨーム・デュプラ／渡辺滋人訳, 創元社, 2014
『生き物はどのように世界を見ているか』日本動物学会関東支部編／和田勝編集責任, 学会出版センター , 2001
『図解雑学・昆虫の科学』出嶋利明, ナツメ社, 1999
『生物の心とからだ』ガイ・マーチー／吉松広延・熊谷寛次・吉松広子・鈴木善

次訳, 白揚社, 1986
『動物生態大図鑑』デイヴィッド・バーニー／西尾香苗訳, 東京書籍, 2011
『感覚器と脳のしくみ』今泉忠明監修, ポプラ社, 2012
『脳・神経と行動』佐藤真彦, 岩波書店, 1996
『心は遺伝子をこえるか』木下清一郎, 東京大学出版会, 1996
『ファーブル昆虫記 1･2･5』ジャン・アンリ・ファーブル／山田吉彦・林達夫訳, 岩波書店, 1989
『昆虫がヒトを救う』赤池学, 宝島社, 2007
『ハチの生活』岩田久二雄, 岩波書店, 1974
『クモの不思議な生活』マイケル・チナリー／斎藤慎一郎訳, 晶文社, 1997
『昆虫のパンセ』（新装版）池田清彦, 青土社, 2000
『進化で読み解くふしぎな生き物』遊磨正秀・丑丸敦史監修／宮本拓海イラスト／北大CoSTEP サイエンスライターズ, 技術評論社, 2007
『オスは生きてるムダなのか』池田清彦, 角川学芸出版, 2010
『心の起源』木下清一郎, 中央公論新社, 2002
『動物に心があるか』D. R. グリフィン／桑原万寿太郎訳, 岩波書店, 1979
『動物の心』ドナルド・R・グリフィン／長野敬・宮木陽子訳, 青土社, 1995
『意識の進化的起源』トッド・E・ファインバーグ, ジョン・M・マラット／鈴木大地訳, 勁草書房, 2017
『成長し衰退する脳：神経発達学と神経加齢学』苧阪直行編, 新曜社, 2015
『記憶のしくみ（上）（下）』ラリー・R・スクワイア, エリック・R・カンデル／小西史朗・桐野豊監修, 講談社, 2013
『脳を究める』立花隆, 朝日新聞社, 1996
『機械の中の幽霊』アーサー・ケストラー／日高敏隆・長野敬訳, 筑摩書房, 1995
『動物と人間の世界認識』日高敏隆, 筑摩書房, 2003

第７章

『動物行動の謎』青木清, 日本放送出版協会, 1990
『磯魚の生態学』（新装版）奥野良之助, 創元社, 1996
『初めてのフィッシュウオッチング』瀬能宏監修, 水中造形センター , 1996
『図説 魚たちの世界へ』伊藤勝敏・岩井保監修, 河出書房新社, 1999
『地球の魚地図』岩井保, 恒星社厚生閣, 2012
『手足を持った魚たち』ジェニファ・クラック／松井孝典監修／池田比佐子訳, 講談社, 2000
『魚は痛みを感じるか？』ヴィクトリア・ブレイスウェイト／高橋洋訳, 紀伊國

屋書店, 2012
『アンコウの顔はなぜデカい』鈴木克美, 山と渓谷社, 2004
『深海と深海生物』海洋研究開発機構監修, ナツメ社, 2012
『かたちの進化の設計図』倉谷滋, 岩波書店, 1997
『脊椎動物比較形態学』A・ポルトマン／島崎三郎訳, 岩波書店, 1979
『解剖学個人授業』養老孟司・南伸坊, 新潮社, 1998
『魚類学（上)』松原喜代松・落合明・岩井保, 恒星社厚生閣, 1979
『サメ・ウォッチング』ビクター・スプリンガー，ジョイ・ゴールド／仲谷一宏訳・監修, 平凡社, 1992
『スーパーネイチュア』ライアル・ワトスン／牧野賢治訳, 蒼樹書房, 1974
『ガラガラヘビの体温計』渡辺政隆, 河出書房新社, 1991
『魚たちの愛すべき知的生活』ジョナサン・バルコム／桃井緑美子訳, 白揚社, 2018
『意識の進化とDNA』柳沢桂子, 地湧社, 1991
『生物学的文明論』本川達雄, 新潮社, 2011
『マグロは時速160キロで泳ぐ』中村幸昭, PHP 研究所, 1986
『海の擬態生物』伊藤勝敏, 誠文堂新光社, 2008
『地球を旅する生き物たち』樋口広芳監修, PHP 研究所, 2016
『生命をあやつるホルモン』日本比較内分泌学会編, 講談社, 2003
『世界の魚食文化考』三宅眞, 中央公論社, 1991
『海の生産力と魚』谷内透・平野禮次郎編, 恒星社厚生閣, 1995
『水＝生命をはぐくむもの』（新装復刊版）ラザフォード・プラット／梅田敏郎・石弘之・西岡正訳, 紀伊國屋書店, 1997
理化学研究所ホームページ, 理研脳科学総合研究センター，「魚が記憶に基づいて意思決定を行う時の脳の神経活動を可視化」青木田鶴・岡本仁, 2013

第８章

『標準原色図鑑全集5 鳥』小林桂助, 保育社, 1967
『鳥』コリン・タッジ／黒沢令子訳, シーエムシー出版, 2012
『わたり鳥の旅』樋口広芳, 偕成社, 2010
『わたり鳥』鈴木まもる, 童心社, 2017
『翔る：ツルの渡り追跡調査写真集』日本野鳥の会, 読売新聞社事業開発部編, 読売新聞社, 1997
『鳥の生態図鑑』学習研究社, 1993
『伝書鳩』黒岩比佐子, 文藝春秋, 2000

『鳥の渡りの謎』R・ロビン・ベーカー／網野ゆき子訳, 平凡社, 1994
『ツルの渡る日』柳沢紀夫, 筑摩書房, 1989
『図解雑学・鳥のおもしろ行動学』柴田敏隆, ナツメ社, 2006
『地球生命35億年物語』ジョン・グリビン／木原悦子訳／松井孝典監修, 徳間書店, 1993
『意識する動物たち』レスリー・J・ロジャース／長野敬・赤松眞紀訳, 青土社, 1999
『鳥脳力』渡辺茂, 化学同人, 2010
『ヒト型脳とハト型脳』渡辺茂, 文藝春秋, 2001
『ハチクイは, 旦那が実家に入り浸り』ニコラス・ウェイド編／安西英明監修／木挽裕美訳, 翔泳社, 1998

第９章

『警察犬物語』鈴木貴子, 潮出版社, 1987
『イヌの動物学』猪熊壽, 東京大学出版会, 2001
『嗅覚はどう進化してきたか』新村芳人, 岩波書店, 2018
『イヌ科の動物』ジュリエット・クラットン=ブロック／祖谷勝紀監修, 同朋舎出版, 1992
『犬はあなたをこう見ている』ジョン・ブラッドショー／西田美緒子訳, 河出書房新社, 2012
『選択なしの進化』リマ=デ=ファリア／池田清彦監訳／池田正子・法橋登訳, 工作舎, 1993
『五感の科学』ジリン・スミス／中村眞次訳, オーム社, 1991
『日本人のクジラ学』大村秀雄監修／梅崎義人, 講談社, 1988
『鯨』フランク・グリーナウェイ／大隅清治日本語版監修, 同朋舎出版, 1994
『川に生きるイルカたち』神谷敏郎, 東京大学出版会, 2004
『驚異の耳をもつイルカ』森満保, 岩波書店, 2004
日本神経科学学会ホームページ,「本年度のノーベル生理学賞・医学賞の解説」藤澤茂義, 日本神経科学学会, 2014
NATURE. Vol.566, Issue No.7745, 2019.2.28
NATURE. Vol.568, Issue No.7752, 2019.4.18
『はるかな記憶（下）』カール・セーガン, アン・ドルーヤン／柏原精一他訳, 朝日新聞社, 1994
『動物の心』ナショナルジオグラフィック別冊, 日経ナショナルジオグラフィック社, 2018

著者紹介

実重重実（さねしげ・しげざね）

1956年島根県出身。元・農林水産省農村振興局長。階層生物学研究ラボ研究員。10代のとき「フジツボの研究」で科学技術庁長官賞を受賞。1979年東京大学卒業後、農林水産省に入省。微生物から植物、水生動物、哺乳類など幅広く動植物に係わった。発生生物学者・団まりな氏に師事し、階層生物学研究ラボに参加。現職は全国山村振興連盟常務理事兼事務局長。著書に『森羅万象の旅』（地湧社, 1996年）などがある。

生物に世界はどう見えるか
感覚と意識の階層進化

初版第1刷発行　2019年12月1日
初版第4刷発行　2020年12月21日

著　者　実重重実

発行者　塩浦　暲

発行所　株式会社　新曜社
101-0051　東京都千代田区神田神保町3－9
電話（03）3264-4973（代）・FAX（03）3239-2958
e-mail : info@shin-yo-sha.co.jp
URL : https://www.shin-yo-sha.co.jp

組　版　Katzen House

印　刷　新日本印刷

製　本　積信堂

ISBN978-4-7885-1659-5 C1045